Martina

Papa
ist schwanger

CARTOONS: JAN GULBRANSSON

DR. MARIO LUDWIG
DR. EVA DEMPEWOLF

Papa
ist schwanger

Kuriose Geschichten über besondere Tierväter

WAS SIE IN DIESEM BUCH FINDEN

Väter im Tierreich

Auf den ersten Blick scheinen im Tierreich in Sachen Nachwuchsbetreuung die Rollen klar verteilt: Mutter zieht die Brut hoch, während der Herr Papa schon längst das Weite gesucht hat. Und aus Sicht des Vaters ist diese Verhaltensweise auch durchaus verständlich, kann er sich im Gegensatz zur Mutter doch in den meisten Fällen überhaupt nicht sicher sein, ob es tatsächlich das eigene Kind ist, dem er seine Liebe und Fürsorge zuteilwerden lässt. Denn im Tierreich ist Treue doch eher die Ausnahme als die Regel.

Nun ist diese klassische Rollenverteilung unter den Tieren zwar häufig, aber keineswegs die Norm. Fast in allen Tiergruppen gibt es nämlich Väter, denen das Wohlergehen ihrer Sprösslinge durchaus am Herzen liegt und die deshalb auch durchaus bereit sind, sich an der Aufzucht ihrer Nachkommen zumindest zu beteiligen oder sich im Extremfall sogar als »alleinerziehende« Väter zu betätigen.

Unter den am höchsten entwickelten Lebewesen, den Säugetieren, ist fürsorgliches Verhalten des Vaters erstaunlicherweise eher selten. Hier sind es lediglich einige Primaten, hundeartige Raubtiere und Nager, bei denen die Kinder auf Liebe und Aufmerksamkeit ihres Erzeugers zählen dürfen.

Anders bei den Vögeln, wo Betreuung durch den Vater die Regel und nicht die Ausnahme darstellt. Bei fast 80 Prozent der Vogelspezies kümmert sich der Herr Papa nämlich in irgendeiner Form um seinen Nachwuchs. Besonders gut hat man dies bei den in der Schweiz vorkommenden Vogelarten untersucht: Bei 87 Prozent füttert hier der Vater die Küken, bei 32 Prozent beteiligt er sich darüber hinaus am Brüten. Den Vogel in Sachen männlicher Brutfürsorge schießen je-

doch die Kaiserpinguine ab, die nicht einmal die extreme Härte des antarktischen Winters davon abhalten kann, sich Brutgeschäft und Nachwuchs in geradezu aufopfernder Weise zu widmen.
Total mau sieht es dagegen bei den Reptilien aus. Von keiner Schlangen- oder Echsenart ist bekannt, dass sich der Vater in Sachen Kinderbetreuung engagieren würde. Unter den Amphibien findet man insbesondere bei den Kröten und Fröschen jedoch erstaunlich gute Väter. Und auch bei den Fischen gibt es Männchen, von denen sogar manch zweibeiniger Vater etwas lernen könnte – er muss ja nicht gleich unbedingt wie bei den berühmten Maulbrütern seine Kinder im Munde aufbewahren oder wie das männliche Seepferdchen die Strapazen einer Schwangerschaft auf sich nehmen.
Und selbst bei den »primitiven« wirbellosen Tieren finden sich, wenn auch nur vereinzelt, Väter, die die Mutter nicht einfach mit dem Nachwuchs sitzenlassen.
Dieses Buch kann natürlich keinen Anspruch auf Vollständigkeit erheben. Unser Ziel war es jedoch, Ihnen den einen oder anderen außergewöhnlichen tierischen Vater vorzustellen und zudem unterhaltsame Einblicke in weithin doch völlig unbekannte Familienstrukturen zu geben.

Warum Rabenväter keine Rabenväter sind

Rabenvater oder entsprechend Rabenmutter – so werden Eltern bezeichnet, die ihre Kinder vernachlässigen. Aber sind Raben tatsächlich schlechte Eltern? Lange Zeit standen die schwarzen Vögel in der Tat im Ruf, sich nicht nur herzlich wenig um ihren Nachwuchs zu kümmern, sondern ihm sogar Schaden zuzufügen.

So ist bereits in der Bibel die Rede von hungernden Rabenjungen, die von ihren Eltern verstoßen wurden. Da heißt es im Buch Hiob 38/41: »Wer bereitet dem Raben die Speise, wenn seine Jungen zu Gott rufen und irre fliegen, weil sie nichts zu essen haben«, und im Psalm 147, 7–9 ist zu lesen:

»Singet dem Herrn ein Dankeslied … der dem Vieh sein Futter gibt, den jungen Raben, die zu ihm rufen.«
Und auch der Universalgelehrte Konrad von Megenberg (1309–1374) bemerkte in seinem »Buch der Natur«, dass Raben ihre Kinder aus dem Nest befördern, weil sie den Eltern zu viel Mühe machen: »die Raben werfent etleicheu kint aus dem nest, wenn si der arbait verdreust mit in, das si in nicht genuog speis pringen mügent.«
Doch auch die Bibel und Universalgelehrte können irren, denn Raben sind bei Weitem keine schlechten Eltern. Die Redensart von der Rabenmutter bzw. vom Rabenvater geht vielmehr auf eine falsch interpretierte Naturbeobachtung zurück: Junge Raben, bei denen es sich zwar um sogenannte Nesthocker handelt, verlassen nämlich oft noch bevor sie fliegen können aus freien Stücken das Nest und sind dann scheinbar völlig hilflos und verlassen am Boden unterhalb des Nestes zu beobachten. Deshalb hat man früher fälschlicherweise angenommen, die kleinen Piepmätze seien von den Elternvögeln verlassen bzw. sogar aus dem Nest geworfen worden. Aber genau das Gegenteil ist richtig: Rabeneltern sorgen sich geradezu rührend um ihren Nachwuchs. Während am Nestbau noch beide Elternteile beteiligt sind, übernimmt dann allerdings in der Regel das Weibchen das Brüten, während das Männchen für die Versorgung der Nestlinge zuständig ist. Und auch die scheinbar so schnöde im Stich gelassen am Boden hockenden Jungtiere werden noch mehrere Wochen von den Eltern mit Nahrung versorgt und vor Fressfeinden geschützt. Rabenväter sind eben doch keine »Rabenväter«.

Vater werden ist doch schwer

Zumindest was das Tierreich angeht, irrte Wilhelm Busch mächtig mit seinem gern zitierten Satz: »Vater werden ist nicht schwer, Vater sein dagegen sehr«. Bei fast allen unserer näheren oder weiteren tierischen Verwandten ist es nämlich so, dass die Mädels entscheiden, wenn es darum geht, den optimalen Vererber für ihren künftigen Nachwuchs auszusuchen. Es herrscht Damenwahl, und jede Frau will denjenigen Mann haben, der vermeintlich die besten Gene besitzt.

Anders als bei den Menschen sind es im Tierreich folglich die Männer, die sich besonders herausputzen müssen, um bei der Damenwelt Eindruck zu schinden. Die Weibchen vieler Tierarten glauben nämlich, dass die schönsten und größten Männer auch die gesündesten und widerstandsfähigsten sind.

Wer nicht wie der Pfau mit seiner prächtigen Schleppe oder der Platzhirsch mit einem kapitalen Geweih angeben kann, muss andere Qualitäten auffahren: stimmgewaltiger Gesang etwa oder besondere baumeisterliche Fertigkeiten. Durchaus verständlich, dass für zahlreiche Frauen, die Nachwuchs planen, zudem die Frage eine wichtige Rolle spielt, ob sich der Auserwählte als guter Vater erweisen wird, der ihr zumindest einen Teil der Brutpflege abnimmt.

Den Rekord in Sachen Damenwahl hält dem jüngsten Forschungsstand zufolge eine in Florida heimische Krebsart. Erst kürzlich ging es durch die Presse: »Wählerischstes Weibchen des Tierreichs entdeckt«. Amerikanische Wissenschaftler haben nämlich herausgefunden, dass die Weibchen der Kalifornischen Winkerkrabbe *(Uca crenulata)* bis zu über 100(!) Männchen testen, bevor sie sich für einen Partner entscheiden. Dabei sind sie weder für prachtvolle Schwanzfedern noch für Minnegesang empfänglich. Was bei diesen Ladys hoch im Kurs steht, sind vielmehr das Statussymbol Schere und das bauliche Talent der in Frage kommenden Männer. Ein luxuriöses Heim zu haben ist das Ziel einer jeden Frau, die auf sich hält, und die Krabbenladys bilden da keine Ausnahme. Akzeptabel scheinen ihnen nur potenzielle Lover, die eine ihren Vorstellungen angemessene Junggesellenwohnung bieten können. Und die Herren der Schöpfung legen sich ordentlich ins Zeug, um ihrer Angebeteten ein passendes Ambiente zu offerieren. Vor Beginn der eigentlichen Paarungszeit legen sie aufwendige Erdhöhlen für den Nachwuchs an. Und anschließend bauen sich die Krabbenmänner vor ihrem Neubau auf und winken mit einer stark vergrößerten Schere (die bis zu 50 Prozent des Körpergewichts betragen kann), um die

vorbeistolzierenden Damen auf sich und ihre Villa aufmerksam zu machen. Interessierte Weibchen nehmen nun zuerst das Männchen in Augenschein (bevorzugt werden möglichst gleich große Partner), und falls dieses die Musterung besteht, wird anschließend die Wohnung besichtigt. Durchschnittlich 23 Kandidaten und deren Heim begutachtet eine Krabbenfrau, bevor sie einem Auserwählten das Jawort gibt.
Worauf es ihr dabei ankommt, ist neben der bereits erwähnten Körpergröße des Mannes und dem Statussymbol Schere vor allem die Größe sowohl von der Bruthöhle als auch von deren Öffnung. Diese Faktoren sind, wie die Forscher schlossen, nämlich eng verknüpft mit der Entwicklungszeit und damit der Überlebenschance des Nachwuchses: Im Idealfall schlüpfen Winkerkrabbenlarven, wenn der zweiwöchentliche Gezeitenzyklus seinen Höchststand erreicht. Ist die Wohnung zu groß, brüten die Tiere nicht lange genug, ist sie zu klein, verpassen sie den optimalen Zeitpunkt ebenfalls. Und stimmt

dieser nicht, werden die Babykrebse von der Meeresströmung entweder zu früh oder zu spät hinausgeschwemmt und fallen fast unweigerlich Fressfeinden zum Opfer. Kein Wunder, dass Frau Krabbe der Wohnungsinspektion solche Bedeutung beimisst, bevor sie einzieht und zusammen mit ihrem Herrn Gemahl die Brut aufzieht.

»Komm in meine Liebeslaube«, lockte schon Ur-Opa die Ur-Großmama. Dass sich solches Liebesgesäusel nicht auf uns Menschen beschränkt, beweist der Seidenlaubenvogel *(Ptilonorhynchus violaceus)*, der in Australien und Indonesien zu Hause ist. Die Männchen dieser scheuen Regenwaldbewohner sind aber auch wirklich wahre Meister ihres Metiers. Sie scheuen weder Zeit noch Mühe, um elaborierte Laubengänge zu bauen und diese nach allen Regeln der Kunst auszustaffieren. Monate bringen sie damit zu, den Waldboden zu säubern und aus Zweigen eine Laube zu errichten, deren Bögen im Durch-

schnitt 35 cm hoch und 45 cm lang sind. Dieses Bauwerk wird anschließend mit vorwiegend blauen Gegenständen verziert: Blüten, Pilzen, Beeren und extra zu diesem Zweck erlegten Insekten, aber auch mit Zivilisationsmüll wie Glasscherben, Wäscheklammern sowie Plastik- und Papierfetzen.
Zu guter Letzt wird das Heim auch noch getüncht: Dazu zerdrückt das Männchen blaue Beeren und reibt das Fruchtmark an die Wände, wobei es meist seinen Schnabel, manchmal aber auch einen kleinen, zum Pinsel umfunktionierten Zweig oder ein Rindenstückchen benutzt. Ist die Laube fertig, wirft sich der Künstler schließlich selbst in Schale und beginnt einen auffälligen Balztanz. Machogehabe wie Aufplustern, Flügelspreizen, lautes Schreien und Herumrennen mit stolzgeschwellter Brust kommt bei vielen Frauen – auch wenn sie es besser wissen müssten – eben immer noch gut an. Andere Weiblichkeiten legen mehr Wert auf Materielles. Allerdings spielt hierbei das Alter der Damen eine Rolle: Weibchen, die schon öfter gebrütet haben, fallen auf architektonische Äußerlichkeiten weniger herein als junge, unerfahrere. Sie entscheiden sich meist für den besten Balztänzer, während Letzere eher nach dem rein optischen Eindruck der Liebeslaube gehen.
Warum die Vogelladys ausgerechnet auf blau stehen, ist bisher nicht bekannt, wohl aber die Tatsache, dass je blauer sein Bauwerk, desto größer der Paarungserfolg des Männchens. Die Kinder der beiden bekommen von der blauen Farbe zunächst allerdings nichts mit. Die Vogelfrau baut nämlich – ohne Hilfe des Partners – in einem Baum ein napfförmiges Nest, wo sie dann auch allein die Eier bebrütet und die Jungen großzieht, die, ebenso wie ihre Eltern, immerhin violett- oder saphirblaue Augen haben. Von Blauäugigkeit kann aber wohl zumindest bei den paarungsbereiten Tieren keine Rede sein.

Eine andere Vogelart, deren männliche Vertreter als Synonym für einen eitlen Schönling herhalten dürfen oder müssen, ist der Pfau. Und seine verlängerte, prachtvoll gezeichnete und gefärbte Schleppe, mit der sich bei Bedarf das berühmte fächerförmige Rad schlagen lässt, ist ja in der Tat der Eyecatcher der geflügelten Tierwelt schlechthin. Auf den ersten Blick erscheint dieses Merkmal zwar eher wie eine Behinderung und beeinträchtigt in der Tat auch das Flugvermögen. Auf der anderen Seite aber ist es genau sein prächtiges Gefieder, das den Pfauenhahn bei den Frauen attraktiv macht.

Dabei sind die Damen der Schöpfung gar nicht so auf Äußerlichkeiten getrimmt, wie es aussieht, denn hinter der reinen Optik steckt mehr: Wenn jemand es sich leisten kann, so viel Energie in praktisch unnützen Körperschmuck zu stecken, muss er von derselben ja reichlich besitzen, also besonders lebenstüchtig, kräftig und gesund sein. Wer im Dschungel

Ach du dickes Ei

Französische Wissenschaftler haben jetzt herausgefunden, dass Pfauenfrauen umso größere Eier legen, je attraktiver der Partner ist, mit dem sie sich zusammengetan haben. Offenbar investieren die angehenenden Mütter merklich mehr Ressourcen in Nachwuchs, der auch von der Vaterseite besonders gute Gene mitbekommen hat.
Da schöne Pfauenmänner erfahrungsgemäß widerstandsfähiger sind und über ein fitteres Immunsystem verfügen als Schwächlinge, versprechen sich die Damen von ihnen eben auch höhere Überlebenschancen für die gemeinsamen Kinder – und stecken selber entsprechend mehr Energie hinein.

trotz hinderlicher Schleppe überlebt, muss schon was drauf haben. Und ein solcher Mann ist gewöhnlich auch genetisch topfit und damit ein guter Vererber. Tatsächlich haben Verhaltensforschungsstudien gezeigt: Je mehr Augen die Schmuckfedern aufweisen und je größer diese sind, desto mehr Erfolg hat deren Besitzer bei seinen Annäherungsversuchen. Nebenbuhler mit weniger prunkvollem Schwanz werden von den Hennen schlichtweg links liegen gelassen.
Wenn Frauen auf gutes Aussehen und Statussymbole fliegen, steckt also weit mehr dahinter als vermeintliche Oberflächlichkeit!
Optisch wenig ansprechend, dafür aber ein Sänger von großem Talent ist der Nördliche Bootsmannfisch *(Porichtys notatus)*, der zu den stimmgewaltigsten Lebewesen überhaupt zählt. Die nur etwa 25 cm großen Gesellen aus der Familie der Froschfische verursachen während ihrer Liebeswerbung

einen derart ohrenbetäubenden Gesang, dass sie damit die Bewohner von Sausalito an der amerikanischen Westküste buchstäblich um den Schlaf bringen. Was für menschliche Ohren mehr als grauenvoll klingt – Leidgeprüfte sprechen sicher nicht ohne Grund von einer Mischung aus Außenbordmotor, Nebelhorn und einem Düsenjägergeschwader –, empfinden die Fischdamen freilich als hinreißendes Liebeslied, und es hat offensichtlich durchaus dieselbe Wirkung auf sie wie eine herzzerreißende Elvis-Presley-Schnulze auf Zweibeinerinnen.

Dass die Männer dabei bestenfalls auf einen One-Night-Stand aus sind, scheint die Mädels nicht weiter zu stören. Immerhin übernehmen die Herren nach der Befruchtung der Eier auch die Brutpflege und die Aufzucht des Nachwuchses.

Den größten Teil des Jahres verbringen Nördliche Bootsmannfische im offenen Meer vor der Westküste Nordamerikas, von Mexiko bis hinauf nach Kanada. Zur Paarungszeit im Sommer versammeln sie sich aber zu Tausenden in der kalifornischen Richardson Bay vor Sausalito. Was sie anlockt, sind wohl die mehreren Hundert Hausboote, an deren Rumpf die Tiere ideale Brutbedingungen vorfinden.
Anfangs war die Ursache des entsetzlichen Lärms den Einwohnern ein absolutes Rätsel. Die Theorien reichten von Abwasserpumpen über russische U-Boote bis hin zu Außerirdischen. Nicht einmal extra zu diesem Zweck herbeigerufene Wissenschaftler konnten Licht in das lautstarke Dunkel bringen. Unterwassertonbandaufnahmen und Spektralanalyse wurden bemüht, doch erst als amerikanischen Meeresbiologen mehrere männliche Bootsmannfische ins Netz gingen, bestätigte sich die Vermutung, die der Direktor des örtlichen Steinhart-Aquariums von Anfang an gehabt hatte – eben den Bootsmann als Urheber.
Der Geselle, der mit seinen Glubschaugen, dem hochgezogenen Maul und stumpfen Zähnen eher an eine Kröte mit Hormonstörungen erinnert, ist weißgott keine Schönheit. Aber schließlich zählen die inneren Werte ja auch, und dass selbst hässliche Männer über das gewisse Etwas verfügen können, das Frauen schwach werden lässt, ist bekannt. Und wer am kräftigsten singt, hat die größten Chancen auf Fortpflanzung, das ist nicht nur in Karaoke-Bars so.
Die lautstarken Arien entstehen dadurch, dass die Fische die Muskeln in ihrer Schwimmblase so schnell zusammenziehen und wieder lockern, dass Töne mit hoher Frequenz entstehen. Bis zu 200-mal pro Sekunde können die Schwimmblasenmuskeln kontrahieren und gehören damit zu den schnellsten im gesamten Tierreich. Die zuständigen Nervenzellen liegen

übrigens an der Basis des sogenannten Rautenhirns und am oberen Rückmarksabschnitt der Fische, eine Position, die mit der bei anderen lautbildenden Wirbeltieren übereinstimmt.
Um von all dem liebestollem Gesang nicht völlig taub zu werden, schützen sich die Weibchen mit einem genialen Trick. Sie schalten auf Durchzug. Genauer gesagt: Normalerweise können die Damen die von den Fischmännern ausgesandten hohen Frequenzen überhaupt nicht oder wenigstens nur in erträglicher Lautstärke hören. Kurz vor der Paarungszeit aber verändert sich ihr Hormonhaushalt, und dann bekommen sie plötzlich ein offenes Ohr für die Liebeshymnen. Schuld daran ist ein dann erhöhter Steroid-Spiegel, der die Wahrnehmung hoher Töne beeinflusst, indem er die Strukur des Innenohrs verändert. Neurobiologen fanden bei Versuchen heraus, dass unfruchtbare Fischdamen, die im Normalfall auf die Minne-

Untergeschoben

Wissenschaftler haben herausgefunden, dass es zwei Arten von Bootsmannfisch-Männern gibt, von denen nur eine (Typ I) sich typisch männlich verhält. Bootsmänner des Typs II dagegen zeigen auf den ersten Blick eher weibliches Verhalten und unterscheiden sich von den anderen Herren der Fischschöpfung durch drei Dinge: Sie singen nicht, sind kleiner als ihre Geschlechtsgenossen (allerdings mit vergrößerten Fortpflanzungsorganen), und sie befruchten auf hinterlistige Art Eier, die die Frauen eigentlich für die Typ-I-Vererber hinterlegt haben. Das Trickreiche daran ist, dass sie sich anschließend, genau wie die Frauen, um die Brutpflege drücken und die Sorge um die Eier und die geschlüpften Fischbabys Männern des Typs I überlassen. Ein schlauer Schachzug fürwahr!

Die Ursache für dieses Muster haben Neurobiologen im Gehirn der Tiere entdeckt, genauer gesagt in einem Teil des Gehirns, der bei Fischen, Reptilien, Vögeln und Säugetieren sehr ähnlich funktioniert. Verantwortlich für das clevere Vorgehen der Fischmänner, die ihren Kollegen hemmungslos die eigenen Kinder unterjubeln, sind zwei Hormone, die in verwandter Form auch beim Menschen vorkommen, als Oxytocin und Vasopressin.

sänger überhaupt nicht reagieren, sofort zu diesen hinschwammen, als die Wissenschaftler ihnen Steroidhormone verabreichten. Nun hoffen die Forscher, durch Hormonbehandlung irgendwann auch schwerhörigen Menschen helfen zu können.

Die Einwohner von Sausalito, das bekanntlich auf der anderen Seite der Golden Gate Bridge von San Francisco liegt, machen übrigens seit ein paar Jahren aus ihrer Not eine Tugend. Sie haben das »Humming Toadfish Festival« ins Leben gerufen – wenn man schon nicht schlafen kann, dann wenigstens die Nacht durchfeiern. Dabei verkleiden sie sich als Fische oder andere Tiere und ahmen die Liebesgesänge der Tiere auf Kazoos (schlichte Musikinstrumente, die nach dem Prinzip des Kammblasens funktionieren und quäkende, saxophonartige Klänge erzeugen) nach.

PAPA IST SCHWANGER

Seepferdchen gehören zu den kuriosesten Tieren überhaupt: Sie sind gepanzert wie ein Käfer, besitzen einen Greifschwanz wie ein Affe, können ihre Augen wie ein Chamäleon unabhängig voneinander bewegen und verdanken ihren Namen ihrem Kopf, der frappierend an das Haupt eines Pferdes erinnert. Seepferdchen schwimmen zudem aufrecht und hüpfen währenddessen leicht auf und ab. Ihre kleine, fast ganz zurückgebildeten Rückenflosse erinnert dabei an die wehende Mähne eines galoppierenden Pferdes. Kein Wunder, dass sie in der Antike als die Nachfahren jener Rösser gesehen wurden, die einst den Streitwagen des Meeresgottes Neptun gezogen haben sollen. Unter verwandtschaftlichen Gesichtspunkten betrachtet, haben Seepferdchen jedoch weder etwas mit Rennpferden noch mit Ackergäulen zu tun – die kleinen Meeresbewohner gehören streng biologisch gesehen zur Ordnung der Stichlingsartigen Knochenfische.

Am außergewöhnlichsten ist jedoch die Fortpflanzung der Seepferdchen, denn bei ihnen ist das Kinderkriegen Männersache. Dieser in der Tierwelt einmalige Rollentausch der Geschlechter beginnt mit einem ausgeprägten Balzritual, das mehrere Tage andauern kann. Dabei geht die Initiative offensichtlich vom Weibchen aus, das zunächst einmal versucht, potenzielle Liebhaber durch das Ausstoßen zarter Klicklaute zu verführen. Hat sich ein Paar gefunden, brechen die beiden Liebenden jeweils in den frühen Morgenstunden – sich mit ihren Schwanzspitzen gegenseitig festhaltend, Seite an Seite schwimmend – zu einer mehr oder weniger ausgeprägten, etwa zehnminütigen Inspektion ihres Reviers auf. Dabei wechseln sowohl die Männchen als auch die Weibchen ihre Hautfarbe zu leuchtenden Farbtönen. Manchmal klammern sie sich auch an denselben Stängel einer Unterwasserpflanze und drehen sich wie Karussellpferdchen im Kreis.

Hat sich das Balzritual mehrere Tage wiederholt, ist es Zeit, zur Sache zu kommen, und der eigentliche »Hochzeitstanz« kann beginnen. Zunächst einmal zeigt das Männchen seine Paarungsbereitschaft an, indem es den Schwanz wiederholt wie einen Pumpschwengel nach vorne klappt und so Wasser in die schlaff zwischen Unterbauch und Schwanzansatz hängende Brustasche pumpt. Über Stunden hinweg präsentiert es jetzt geradezu lasziv seinen weit geöffneten, wassergefüllten Brutbeutel dem mit Eiern schwangeren Weibchen, um dieses zur Eiablage aufzufordern. Ist das Weibchen interessiert, »dockt« es an das Männchen an und spritzt seine Eier mittels eines weit ausgefahrenen, stöpselförmigen Legeapparats in den Beutel des Männchens. In »Meyers Enzyklopädie« wird dieser Vorgang biologisch zwar vollkommen korrekt, aber eben auch völlig unromantisch wie folgt beschrieben: »Das Weibchen legt seine Eier durch Einführung seiner Genitalpapille in die an der Ventralseite liegende Bruttaschenöffnung des Männchens«. Anschließend versiegelt das Männchen seinen Beutel und befruchtet die Eier.

Einige Seepferdchenarten benötigen für den Eiertransfer gerade einmal ein paar doch etwas lieblose Sekunden, andere wie die Langschnauzigen Seepferdchen nehmen sich für diesen eigentlichen Liebeakt aber doch deutlich mehr Zeit. Die beiden Liebenden lassen sich mit engumschlungenen Greifschwänzen in einem spiraligen Tänzchen zuerst in Richtung Wasseroberfläche treiben, um sich dann Rücken an Rücken wieder in Richtung Meeresboden sinken zu lassen. Diese »Flip-Flop«-Bewegungen können mehrere Stunden dauern, während derer die Eier in Portionen in der Brusttasche des Gatten abgelegt werden. Je nach Art wechseln bei der Paarung zwischen zehn und mehreren Hundert Eiern ihren »Besitzer«. Nachdem die Weibchen ihrem Liebhaber bei diesem »Pas de deux« die Eier jedoch sozusagen untergeschoben haben, verziehen sie sich – im Gegensatz zum nunmehr kugelrunden Gatten deutlich erschlankt – ganz schnell in einen vorzeitigen und wohl nicht so ganz verdienten Mutterschaftsurlaub.

Im Inneren des Brutbeutels werden die befruchteten Eier dann von einem speziellen Gewebe umwachsen, das die Nährstoffversorgung und die Atmung der Embryonen regelt. Gesteuert werden diese Vorgänge interessanterweise von dem Hormon Prolaktin, das bei schwangeren Frauen für das

Wachstum der Brustdrüse und die Milchproduktion verantwortlich ist. Aus diesem Grund geht die Wissenschaft auch davon aus, dass es sich bei der Schwangerschaft des Seepferdmännchens um eine echte Schwangerschaft und kein bloßes Ausbrüten der Eier in der Bauchhöhle handelt – soll heißen: Papa ist »echt« schwanger.

Bei einigen Arten besucht die Mutter das schwangere Männchen täglich zu einer sogenannten Morgengrußzeremonie, bei der die beiden Elternteile für wenige Minuten ein zärtliches, an die Balz erinnerndes Verhalten an den Tag legen: Da wird nebeneinander hergeschwommen, gemeinsam die Farbe gewechselt, und liebevoll werden die Schwänze untergehakt. Nach ein paar Minuten ist die Zeit der Zärtlichkeit dann jedoch vorbei, und das Weibchen verabschiedet sich wieder bis zum nächsten Morgen.

Mit Fortschreiten der Schwangerschaft wird der Brustbeutel des Vaters immer dicker und dicker, bis nach einer Tragezeit von 10 bis 40 Tagen der Geburtsvorgang einsetzt, wobei die Brutdauer sowohl von der Seepferdchenart als auch von der Wassertemperatur abhängig ist. Zu Beginn des freudigen Ereignisses, also quasi wenn die »Wehen« einsetzen, klammert sich das hochschwangere Männchen dann mit dem Greifschwanz an eine Wasserpflanze und beginnt unter großen Anstrengungen seine Jungen nach außen zu pumpen. Die Geburt erfolgt dabei schubweise. Braucht der werdende Vater bei seinem ersten Sprössling dazu noch mehrere Stunden bis Tage, geht es bei den folgenden Geburten dann zunehmend leichter, da sich der Beutel immer weiter öffnet. So ist oft zu beobachten, dass die jungen Seepferdchen ab Nummer 40 paarweise und dann sogar in Gruppen von 10 bis 20 in diesem fast weiblich anmutenden Gebärakt ins Meer gepresst werden.

Die gefährdeten Rösser der Meere

Auf vielen Märkten Asiens werden Seepferdchen nahezu mit Gold aufgewogen. Das Kilo Seepferdchen wird nicht selten für 1500 US-Dollar und mehr gehandelt, denn die kleinen Fische sind aus der traditionellen Medizin vieler asiatischer Länder, allen voran China, nicht wegzudenken. Meist zu Pulver zerstampft, bilden Seepferdchen dort einen festen Bestandteil einer Vielzahl von Rezepturen, mit denen man nicht nur Impotenz, Unfruchtbarkeit und Muttermilchmangel kurieren, sondern auch »Gebrechen« wie Lethargie, Erschöpfung, Haarausfall und Blähungen zu Leibe rücken will. Jedes Jahr werden weltweit rund 20 Millionen getrocknete Seepferdchen verkauft, bei geschätzten jährlichen Zuwachsraten von nahezu zehn Prozent. Kein Wunder, dass bei einer derartigen Überfischung die natürlichen Populationen stark gefährdet sind. Seit 2004 wird deshalb der internationale Handel nach dem Washingtoner Artenschutzabkommen (Cites) kontrolliert. Seepferdchen dürfen nur noch mit Cites-Bescheinigungen ausgeführt werden, und jedes Land, das Seepferdchen exportiert, muss nachweisen, dass der Export die Wildbestände nicht gefährdet.

Die Größe der Jungtiere liegt bei der Geburt zwischen sieben und elf Millimetern, völlig unabhängig davon, ob es sich beim Vater um ein winziges, gerade mal 15 mm messendes Tasmanisches Seepferchen oder ein riesiges, bis zu 350 mm großes Pazifisches Seepferdchen handelt. Die Zahl der Nachkommen hängt letztlich davon ab, wie viele Junge in den Brutbeutel des Vaters passen, und das können je nach Art und Körpergröße zwischen 10 und 1500 Stück sein. Manchmal ist die Kraftanstrengung beim Gebärvorgang so hoch, dass das Männchen kurz nach oder auch schon während der Geburt das Zeitliche segnet. Auch abgestorbene Embryonen sind oft für den Tod des Männchens verantwortlich, da die in der Brusttasche entstandenen Fäulnisgase das Seepferdmännchen ähnlich wie einen Ballon aufblähen und an die Meeresoberfläche drücken, wo es verstirbt. Durch zeitversetzte Geburten sind Seepferdchen in der Lage, ihren Nachwuchs über ein großes Gebiet zu verteilen.

Nach der Geburt ist es dann freilich mit einem Schlag vorbei mit der Brutpflege. Die jungen Seepferdchen sind jetzt vollständig auf sich allein gestellt. Die Jungtiere einiger Arten schwimmen sofort zum Meeresgrund, während die Sprösslinge anderer zunächst einmal die Wasseroberfläche aufsuchen, um ihre Schwimmblase mit Luft zu füllen. Generell werden immer viel mehr Weibchen als Männchen geboren, und das hat einen einfachen Grund: Die prächtig gefärbten Mädels werden von Raubfischen viel leichter erspäht und gefressen als der deutlich weniger farbenfrohe Mann. Ein Verlust, den Mutter Natur bei jeder Geburt eben mit einem kräftigen Damenüberschuss auszugleichen versucht.

Die meisten Jungtiere überstehen die ersten Minuten leider nicht, da sie Räubern zum Opfer fallen, und insgesamt sind es gerade mal fünf Prozent der Neugeborenen, die nach sieben

Ewig treu oder notorische Fremdgänger?

Lange ging die Wissenschaft davon aus, dass Seepferdchen, haben sie sich einmal als Pärchen gefunden, einander ein Leben lang treu sind. In jüngerer Zeit wurde diese These jedoch sowohl durch Naturbeobachtungen als auch durch Studien in Aquarien vermehrt in Frage gestellt. Auffällig dabei: Während männliche Wissenschaftler Seepferdchen meist lebenslange Treue attestierten, wurden die Minifische von den Kolleginnen weit öfter als potenzielle Fremdgänger eingestuft.
Im Jahr 2006 wurde an den neun deutschen Sea-Life-Aquarien eine interessante Untersuchung in Sachen Seepferdchentreue durchgeführt. Für die Studie wurden insgesamt 45 Seepferdchen aus drei verschiedenen Arten mit farbigen Halsbändern markiert. So konnte man erkennen, welches Männchen zu welchem Weibchen gehört. Anschließend protokollierte man über einen Zeitraum von vier Monaten das Liebesverhalten der Pärchen.
Das Ergebnis der Studie war eindeutig: Monogamie ist zumindest für die Aquarienseepferdchen in den allermeisten Fällen offensichtlich ein Fremdwort. Lediglich ein einziges Paar blieb sich während des gesamten Untersuchungszeitraumes treu, der Rest wechselte fröhlich die Partner, wobei es auch zu gleichgeschlechtlichen Interaktionen kam.

bis zehn Monaten das Erwachsenenalter erreichen. Verglichen mit anderen Fischarten ist diese Überlebensrate jedoch ungewöhnlich hoch, da die jungen Seepferdchen die frühen Entwicklungsstadien ihres Lebens ja noch im Schutze des Brustbeutels verbringen, während die Eier der meisten anderen Fischarten nach der Besamung schutzlos ihrem Schicksal überlassen werden.

Seepferdchenmänner sind oft bereits wenige Tage nach der Geburt wieder »empfängnisbereit«, sodass sehr viele Schwangerschaften hintereinander auftreten können. Die durchschnittlichen Abstände dazwischen betragen zwischen zwei und fünf Wochen, wobei es aber auch ab und an monatelange unfruchtbare Phasen zu geben scheint.

Für die im Tierreich einmalige Tatsache, dass es bei den Seepferdchen erstaunlicherweise die Männer sind, die die Strapazen einer Schwangerschaft auf sich nehmen, hat die Wissenschaft bisher noch keine befriedigende Erklärung gefunden.

Eine Art von »Co-Schwangerschaft« findet man bei männlichen Lisztaffen, die sich äußerst sorgfältig auf die Geburt ihres Nachwuchses vorbereiten. Die Affenmänner, die im Regenwald des nördlichen Kolumbiens zu Hause sind, legen während der Schwangerschaft ihrer Partnerin genau wie diese an Gewicht zu. Das haben Wissenschaftler der Universität Wisconsin herausgefunden, als sie in einer Studie mit standardisierten Bedingungen mehrere Lisztaffenmännchen im ersten und im sechsten und damit letzten Schwangerschaftsmonat ihrer Partnerin wogen. Eine Kontrollgruppe (bestehend aus »Junggesellen«) zeigte keinerlei Gewichtszunahme. Nach Ansicht der Forscher legen sich die Äffchen das Fettpolster zu, um für die anstrengende Zeit der Aufzucht der Babys gewappnet zu sein. Dafür nimmt man eben auch als Affe den einen oder anderen »Rettungsring« in Kauf.

Unklar ist allerdings noch, ob die werdenden Affenväter größere Portionen verdrücken oder ob sich ihr Stoffwechsel durch hormonelle Veränderungen an die Schwangerschaft des Weibchens anpasst.
Auch beim Menschen entwickeln nach einer Studie des St. George's Hospital der Londoner Universität werdende Väter während der Schwangerschaft ihrer Partnerin typische weibliche Schwangerschaftssymptome: Die körperlichen Reaktionen der Väter in spe auf die Schwangerschaft reichen dabei von Übelkeit über Kopfschmerzen, Ruhelosigkeit und

Lisztaffen verdanken ihren Namen dem österreichisch-ungarischen Komponisten Franz Liszt, da ihre Mähne aus weißen langen Haaren in geradezu verblüffender Weise an die wallende Haarpracht des berühmten Musikers erinnert. Die possierlichen Äffchen sind mittlerweile durch die Zerstörung ihres Lebensraums sowie illegale Bejagung vom Aussterben bedroht.

depressiven Verstimmungen bis hin zu einer massiven Gewichtszunahme. So nahmen in der Studie die männlichen Probanden während der Schwangerschaft ihrer Partnerinnen im Schnitt um 4 kg zu. In Wissenschaftskreisen wird dieses »männliche Schwangerschaftssyndrom« als Couvade-Syndrom (von »couver« = franz. brüten) bezeichnet.
Die Wissenschaftler konnten zudem zeigen, dass sich auch hormonell etwas im Körper des werdenden Vaters tut. So ist im Blut das Hormon Prolaktin in erhöhten Mengen zu finden. Prolaktin ist für das Brustwachstum und die Milchbildung während einer Schwangerschaft verantwortlich und löst bei vielen Säugetieren Brutpflegeverhalten aus. Die englischen

Forscher vermuten, dass die schwangere Partnerin sogenannte Pheromone – weibliche Sexualhormone – aussendet, die Psyche und Hormonhaushalt des »co-schwangeren« Männchens nachhaltig beeinflussen und so dafür sorgen, dass der werdende Vater eine liebevolle Beziehung zu seinem künftigen Sprössling aufbaut.
Das Couvade-Syndrom ist offensichtlich von der Natur wohl durchdacht, wird doch durch die Hormonverschiebung aus einem wilden Casanova zumindest zeitweilig ein fürsorglicher Vater. Da das männliche Schwangerschaftssyndrom, wie bereits erwähnt, auch bei Affen auftritt, glauben die britischen Wissenschaftler, dass es sich bei diesem Phänomen um eine Art Überbleibsel der Evolution handeln könnte.

Männliche Hebammen

Zwerghamstermännchen stehen schon lange im Ruf, gute Väter zu sein. Vor Kurzem jedoch haben kanadische Wissenschaftler von der Queen's University in Kingston (Ontario) herausgefunden, dass sogar werdende Menschenväter in Sachen exzellente Vaterschaft durchaus noch etwas von den Dsungarischen Zwerghamstern lernen könnten.
Die Männchen der kleinen Nager, die in den Steppen des nordöstlichen Kasachstan und südwestlichen Sibirien zu Hause sind, stehen der Mutter ihrer Kinder nämlich schon beim Geburtsvorgang bei. Und die Hilfe beschränkt sich nicht etwa lediglich auf mitfühlendes Pfötchenhalten bei den Qualen der Geburt, nein – die Zwerghamstermänner betätigen sich bei

ihrer Liebsten mit großer Hingabe und ebensolchem Erfolg als überaus begabte Hebammen und leisten aktive Geburtshilfe. Die Väter ziehen nämlich ihren Nachwuchs nicht nur aus dem Geburtskanal, sondern befreien ihn auch aus der Fruchtblase und belecken liebevoll die Nasenlöcher der Babys, um so für freie Atemwege bei den Sprösslingen zu sorgen.

Nach erfolgreicher Hebammentätigkeit verzehrt dann der frischgebackene Vater zusammen mit seiner Frau Gemahlin in schönster Harmonie die Nachgeburt – sozusagen ein kulinarischer Abschluss der gemeinsamen Geburtsbemühungen.

Auch nach dem Geburtsvorgang noch erweisen sich die Hamstermänner als gute Väter. So halten sie Mutter und Kinder im Nest warm, übernehmen Reparaturarbeiten am Bau und zeigen sich sogar als pflichtbewusste Babysitter, wenn sich Mama auf Nahrungssuche begibt. Als Ursache für die im Tierreich doch äußerst außergewöhnliche Geburtshelfertätigkeit der Dsungarischen Zwerghamstermänner konnten die Wissenschaftler ausmachen, dass diese – anders als andere Hamsterarten – im Zeitraum vor der Geburt Hormonschwankungen aufweisen, die denen der werdenden Mutter ähneln. So steigt zunächst vor der Geburt der Östrogen- und Cortisolspiegel an, danach werden größere Mengen des männlichen Sexualhormons Testosteron ausgeschüttet. So wird nach der Geburtshilfe gleich der Schutzinstinkt angekurbelt.

Bei den meisten Amphibien ist es mit der Mutter- bzw. Vaterliebe nicht weit her. Eine echte Brutfürsorge kommt nur äußerst selten vor, denn bei Frosch, Kröte, Molch & Co. werden die Nachkommen nach dem Ablaichen meist schnöde ihrem Schicksal überlassen. Bei unseren heimischen Amphibien ist es die Geburtshelferkröte, die hier die Ausnahme von der Regel darstellt, und interessanterweise sind es die Männchen dieser rund 5 cm großen graubraunen Froschlurche, die eine aktive Brutpflege betreiben und sich somit als gute Väter erweisen.

Die Paarungszeit der Geburtshelferkröten beginnt meist Mitte April. Die Männchen verraten dabei in der Dämmerung bzw. in der Nacht den paarungswilligen Weibchen mit ihren hellen Rufen, die meist aus den Erdhöhlen heraus vorgetragen werden, zunächst einmal ihren Aufenthaltsort. Die Rufe der Krötenmänner erinnern dabei an ein Glockengeläut in größerer Ferne und haben deshalb der Geburtshelferkröte den volkstümlichen Namen Glockenfrosch eingetragen. Die eigentliche Paarung der Tiere spielt sich vollständig an Land ab.

Nähert sich ein paarungsbereites Weibchen, von den Gesängen des Männchens angelockt, dem wartenden Krötenherrn, wird es von diesem zunächst einmal mit den Vorderextremitäten gepackt und fest umklammert. Danach folgt eine längere Stimulierungsphase des Männchens, ehe das Weibchen innerhalb weniger Sekunden 20 bis 60 Eier aufgereiht an zwei Laichschnüren aus seiner Geschlechtsöffnung ausstößt. Das Männchen bildet mit den Hinterbeinen ein Körbchen, in dem die Eier aufgefangen und sofort besamt werden.

Der Darwinfrosch verdankt seinen Namen dem berühmten Naturforscher und Vater der Evolutionstheorie, Charles Darwin, der einst in Südamerika einen kleinen Frosch mit einer auffallend langen Nase gefunden hatte, der später ihm zu Ehren den wissenschaftlichen Namen *Rhinoderma darwinii* – Darwins Nasenfrosch – erhielt.

Anschließend wickelt der werdende Vater dann die noch klebrigen Laichschnüre um seine Hinterbeine und verlässt das Weibchen. Die Bewegungsfreiheit der Krötenherren wird durch den Nachwuchs in spe dabei kaum beeinträchtigt. Während der Laichübernahme, die bis zu einer halben Stunde dauern kann, verhält sich das Weibchen völlig passiv.
Sollte der Laich, den das Männchen übernommen hat, nur aus verhältnismäßig wenigen Eiern bestehen, setzt der Krötenmann seine Lockrufe fort und übernimmt noch die Gelege eines zweiten, manchmal sogar eines dritten Weibchens. Dabei dürfen jedoch zwischen erster und letzter Laichaufnahme nicht mehr als drei Nächte liegen, weil ja später alle Kaulquappen einmal gemeinsam schlüpfen sollen. Da ältere Eier nachdunkeln, sind die Eier der verschiedenen Mütter für den Spezialisten an der unterschiedlichen Färbung leicht zu erkennen.

Ab jetzt ist das Männchen ganz allein für die Entwicklung des Nachwuchses verantwortlich. Je nach Witterungsverhältnissen trägt es die Eischnüre 20 bis 50 Tage mit sich herum, bevor es die Eier im nahe gelegenen Laichgewässer ablegt. Nach nur wenigen Minuten Wasserkontakt schlüpfen die Larven, die zwischen 12 und 20 mm groß und schon relativ weit entwickelt sind. Jetzt kommt das Resultat der väterlichen Mühen zum Tragen, denn die frisch geschlüpften Larven besitzen aufgrund ihres Entwicklungsvorsprungs natürlich eine deutlich größere Chance zur erfolgreichen Weiterentwicklung als die anderer Amphibienarten, die keine Brutfürsorge betreiben.
Übrigens: Die Chance, dass das Männchen das Eipaket während seiner diversen Aktivitäten verliert, ist relativ gering, da sich die Laichschnüre durch Austrocknen so fest um seine

Schenkel zusammengezogen haben, dass ein ungewolltes Abrutschen nahezu unmöglich ist. Nur bei allerhöchster Gefahr, etwa durch einen Fressfeind, lässt das Männchen seine kostbare Last im Stich, wobei die zurückgelassenen Eischnüre dann keine Überlebenschance besitzen, sondern durch Schimmelbildung zugrunde gehen.

Auch beim zu den seltenen Nasenfröschen zählenden Darwinfrosch, der in den feuchten Wäldern Argentiniens und Chiles zu Hause ist, ist es das Männchen, das eine ganz außergewöhnliche Art der Brutfürsorge entwickelt hat:

Die Weibchen des etwa 3 cm großen Frosches legen rund 30 Eier auf dem Boden ab, die vom Männchen zunächst einmal besamt und dann die nächsten beiden Wochen über scharf bewacht werden. Kurz bevor die Kaulquappen schlüpfen, nehmen die Väter die Eier mit dem Mund auf und verstauen sie in ihren Schallblasen, ballonartigen Hautausstülpungen, die den Männchen üblicherweise zur Paarungszeit als Resonanzverstärker für ihre Lautäußerungen zum Anlocken von Weibchen dienen. Durch diesen Kniff muss der werdende Froschvater nicht hungern, da der Weg zum Magen durch die Speicherung des Nachwuchses in den Schallblasen frei bleibt. Und da die männlichen Darwinsfrösche ja zu diesem Zeitpunkt die Schallblasen nicht mehr benötigen, um die holde Weiblichkeit mit ihrem Gesang zu betören, bieten diese Resonanzkörper den frisch geschlüpften Kaulquappen einen sicheren und ungestörten Aufenthaltsort.

In den Schallblasen verwandeln sich die Kaulquappen nach einer Tragezeit von zwei bis drei Monaten in kleine Frösche, die dann dem Vater regelrecht aus dem Maul hüpfen. Dass Männchen den Nachwuchs quasi im Maul bebrüten, ist bei einigen Fischarten durchaus üblich (S. 36), in der Welt der Amphibien jedoch einmalig.

Gut geschützt im väterlichen Mund

Manche Fischeltern haben eine geniale Methode entwickelt, um ihren Nachwuchs vor der Nachstellung von Räubern zu schützen – sie nehmen ihn einfach in den Mund. Zahlreiche Vertreter dieser sogenannten Maulbrüter findet man bei den Buntbarschen, einer Fischfamilie, deren Vertreter insbesondere in den großen Seen Zentralafrikas wie dem Tangajikasee zu Hause sind. Wissenschaftler unterscheiden dabei zwischen ovophilen (»Eier liebenden«) und larvophilen (»Larven liebenden«) Maulbrütern, je nachdem, ob die Elterntiere die befruchteten Eier oder die bereits geschlüpften Fischlarven ins Maul nehmen. Die Brutpflege bei den larvophilen Maulbrütern endet zum Teil mit dem ersten Freilassen aus dem Maul, bei anderen Arten dauert der elterliche Schutz etwas länger – die Jungfische werden bei Gefahr einfach wieder in den Mund genommen. Fast immer sind es die Mütter, die dem Nachwuchs Unterschlupf gewähren. Es gibt jedoch durchaus väterliche Maulbrüter, auch wenn diese zumindest bei Buntbarschen die große Ausnahme bilden und bisher nur bei einer Art, nämlich der Schwarzkinntilapie, beobachtet werden konnten.

DER VATER ALS KINDERRESTAURANT

Aufgrund seiner Farbenpracht ist der Diskusfisch für viele Aquarianer der »König der Aquarienfische« schlechthin. Aber die nahezu tellergroßen Tiere, die im Amazonasgebiet zu Hause sind, warten zudem mit einer sehr komplexen Brutfürsorge auf, an der beide Elternteile gleichermaßen beteiligt sind.

Nachdem sich Weibchen und Männchen gefunden haben, suchen sich die zu den Buntbarschen gehörenden Fische in der Paarungszeit zunächst ein Revier, das sie gegenüber Artgenossen heftig verteidigen. Das Ablaichen erfolgt dann an einer geeigneten Stelle innerhalb des Territoriums, die zuvor von den künftigen Eltern mit geradezu penibler Sorgfalt von Algen, Schmutz und anderen störenden Bestandteilen gesäubert wurde. Die Elterntiere versorgen das Gelege ständig durch Fächeln mit den Flossen mit frischem sauerstoffhaltigem Wasser und entfernen auch unbefruchtete oder verschimmelte Eier. Um Pilzinfektionen zu vermeiden, aber auch, um den noch hilflosen Jungfischen einen möglicht großen Schutz vor Fressfeinden zu bieten, werden die frisch geschlüpften Jungfische von den Eltern immer wieder mit dem Maul aufgenommen, gesäubert und ausgespuckt. Diese sehr intensive Brutpflege wurde früher aufgrund ungenauer Beobachtungen immer wieder als elterlicher Kannibalismus missinterpretiert.

Einzigartig im Tierreich ist die Tatsache, dass die Eltern ihre Babynahrung selbst herstellen. Sie produzieren nämlich in speziellen Hautdrüsen einen nährstoffreichen Schleim – einen wahren Powermix, der den Jungfischen als Nahrung dient. Die Jungfische müssen also nur an der Unterseite ihrer Eltern

»andocken« und das Nähstoffsekret direkt aus der Haut von Papa oder Mama picken. Die Eltern wechseln sich bei dieser sehr ungewöhnlichen Art der Fütterung übrigens ab. Ist ein Elterntier vom Nachwuchs »abgeweidet«, übergibt es die hungrigen Sprösslinge einfach an den Partner.

Der Nachwuchs ist in der ersten Zeit ausschließlich auf das von den Eltern selbst produzierte Babyfutter angewiesen, erst nach etwa vier Wochen sind die jungen Fische in der Lage, sich selbstständig von Planktonorganismen zu ernähren. Das Nährstoffsekret wird von den Fischen übrigens ähnlich einer Muttermilch nur während der Aufzucht der Jungfische produziert.

Das weltweit einzige Säugetier, bei dem auch die Männchen funktionstüchtige Milchdrüsen besitzen und daher »Vatermilch« produzieren können, ist der Dayakflughund *(Dyacopte-*

rus spadiceus), der in Südostasien lebt. Allerdings sind die Milchdrüsen und Brustwarzen der Männchen nicht so gut entwickelt wie bei den Weibchen, und auch der abgegebene Milchbetrag beträgt gerade mal ein Zehntel der von Weibchen produzierten Menge.

Das Geheimnis der männlichen Milchabgabe ist noch ungeklärt. So konnte bisher noch nicht beobachtet werden, ob sich überhaupt Fledermausbabys an der Brust des Vaters mit Milch laben. Möglicherweise hat die Milchabgabe der Flughundmännchen auch etwas mit den Nahrungsgewohnheiten der Tiere zu tun: Die Flughunde konsumieren nämlich neben Früchten auch noch Blätter, die hohe Konzentrationen an sogenannten Phytoöstrogenen enthalten, die durch ihre hormonelle Wirkung möglicherweise die Verweiblichung der männlichen Brustdrüsen auslösen.

VÄTER MIT SECHS UND MEHR BEINEN

Die meisten niederen wirbellosen Tiere wie Schwämme, Nesseltiere, Stachelhäuter und die meisten Würmer setzen in Sachen Fortsetzung auf Quantität anstatt auf Qualität. Sie sorgen für eine große Anzahl Nachkommen und hoffen, dass es ein paar ihrer Sprösslinge auch ohne lästige Brutpflege bis zum Erwachsenwerden schaffen.

Bei den höheren Wirbellosen, den sogenannten Gliedertieren, zu denen so artenreichen Gruppen wie Krebse, Spinnentiere und Insekten gehören, ist elterliche Fürsorge dagegen durchaus kein unbekanntes Verhalten. Aber, wie man

besonders gut am Beispiel der staatenbildenden Insekten wie Ameisen oder Bienen feststellen kann, sind es hier vor allem die Weibchen, die den Nachwuchs betreuen. Doch es gibt auch bei den Gliedertieren durchaus, wenn auch vereinzelt, fürsorgliche Väter.

So lässt sich zum Beispiel bei den zur Familie der Mistkäfer gehörenden Pillendrehern Erstaunliches in Sachen Vaterschaft vermelden. Pillendreher sammeln nach der Paarung den Dung großer Pflanzenfresser, formen ihn mit den Vorderbeinen zu einer Kugel, die sie anschließend zu einem geeigneten Platz mit weichem Boden rollen, um sie dort zu vergraben. Die Kugel ist meist so groß, dass sie die Körpermasse der Käfer um ein Vielfaches übertrifft. Normalerweise ist es das Männchen, das die Kugel formt und vor sich her rollt, während das Weibchen hinterhertrottet oder sogar als »blinder

Passagier« – ähnlich wie der berühmte Baron Münchhausen auf der Kanonenkugel – auf der Kugel mitfährt. Bei anderen Pillendreherarten dagegen arbeiten Männchen und Weibchen beim Kugeltransport zusammen: Eine(r) steht mit den Vorderbeinen auf der Kugel und zieht, während der Partner auf der anderen Seite schiebt. Das Weibchen legt die Eier dann in oder an die vergrabene Kotkugel, die später den geschlüpften Larven als Unterschlupf und Nahrung dient.

Ein Mistkäfer als Gott?

In der altägyptischen Mythologie wurde der heilige Pillendreher als Sinnbild des Sonnengottes Cheper, des Herrn der Wiedergeburt und Unsterblichkeit, verehrt, da die Art und Weise, wie der Pillendreher seine Dungkugel vor sich herschiebt, die Ägypter an den immerwährenden Kreislauf der von Osten nach Westen ziehenden Sonne erinnerte. Um eine spätere Auferstehung zu gewährleisten, wurden den Toten im Ägypten der Pharaonen stets kleine Steinkäfer, sogenannte Skarabäen, als Grabbeigabe auf die Brust gelegt.

Den mit Abstand besten und aktivsten Käfervater findet man in der südafrikanischen Kalahari-Wüste. Die dort lebende, zu den Schwarzkäfern zählende Art *Parastizopus armaticeps* führt nämlich ein für Käferverhältnisse geradezu sensationelles Familienleben, zu dem die Männchen einen nicht zu unterschätzenden Beitrag leisten.

Um ihr Liebes- und Familienleben in Gang zu setzen, sind die kleinen Käfer zunächst einmal auf heftige Regenfälle angewiesen, denn nur in einen vom Regen aufgeweichten Wüstenboden sind die nachtaktiven Tiere in der Lage, ihre nach der Paarfindung so dringend benötigte Brut- und Wohnhöhle zu graben. Männchen und Weibchen buddeln dabei übrigens stets gemeinsam. Anschließend legt das Weibchen über einen Zeitraum von rund 15 Tagen täglich ein bis zwei Eier, sodass die später schlüpfenden Larven ein unterschiedliches Alter haben.

In Sachen Ernährung der Larven besteht eine klare Arbeitsteilung zwischen den Elterntieren, wobei die traditionelle Rollenverteilung auf den Kopf gestellt wird. Bei den Wüstenkäfern ist nämlich Mama für die Nahrungsbeschaffung (Laub und kleine Ästchen) verantwortlich, Papa dagegen für die eigentliche Fütterung des Nachwuchses mit der pflanzlichen Kost.

Zu den Aufgaben des Männchens gehören auch Erweiterungs- und Reinigungsarbeiten in der Höhle, während wiederum beide Elternteile am Eingang der Höhle Wache schieben, um ihre Sprösslinge vor Fressfeinden zu beschützen. Die Eltern bleiben auch noch nach der Verpuppung bei ihrem Nachwuchs und versorgen sogar noch die Jungkäfer so lange mit Nahrung, bis deren Chitinskelett vollständig ausgehärtet ist. Interessanterweise beteiligen sich auch die älteren Nachkommen an der Nahrungsversorgung ihrer jüngeren Geschwister.

Ein nahezu perfektes Familienleben also, das man einem Käfer so eigentlich gar nicht zugetraut hätte.
Ausschließlich väterliche Brutfürsorge findet man bei den Asselspinnen, spinnenähnlichen Meerestieren, die von Zoologen jedoch trotz ihres Namens und Aussehens nicht zu den Spinnen gerechnet werden, sondern eine eigenständige Gruppe bilden. Es sind die Männchen der wirbellosen Meerestiere, die in der Regel in Küstennähe leben und mit ihren acht langen, dünnen Beinen auf dem Meeresgrund umherlaufen, die für den Schutz der Eier zuständig sind.
Über den eigentlichen Fortpflanzungsakt der Asselspinnen ist noch wenig bekannt. Man hat allerdings beobachtet, dass bei einigen Arten das Weibchen nach der Paarung zunächst mit Hilfe seiner Laufbeine eine Art Körbchen bildet, in das die befruchteten Eier abgegeben werden. Danach jedoch reißt das Männchen die Brutfürsorge regelrecht an sich und greift mit seinen sogenannten Eiträgern, dem mit Haken ausgestatteten dritten Laufbeinpaar, in das korbartige Gebilde und klebt die Eier mittels eines über spezielle Hautdrüsen abgegebenen »Bioklebstoffs« zunächst einmal zu einem einheitlichen Eiklumpen zusammen. Diesen befestigt der Vater dann an seinen Eiträgern und führt ihn, jetzt fest gegen den Bauch gepresst und somit vor Fressfeinden gut geschützt, bis zum Schlüpfen der Larven mit sich.
Asselspinnenmännchen halten von Treue nicht allzu viel und haben deshalb zur Fortpflanzungszeit meist mit mehreren Asselspinnendamen hintereinander Sex. Als Konsequenz tragen sie daher häufig mehrere Eipakete mit sich herum – ein jedes das Resultat der Paarung mit einem anderen Weibchen.
Der Schlupf der Larven erfolgt dann je nach Art nach vier bis zehn Wochen väterlicher »Tragezeit«. Die frisch geschlüpften Larven kriechen dann sofort auf den Rücken des Männchens.

Bei einigen Arten verbleiben die Larven bis zur Umwandlung zum erwachsenen Tier beim Vater und ernähren sich in dieser Zeit von ihren Dottervorräten.
Auch bei den Riesenwanzen, bis zu 12 cm langen Insekten, die in den stehenden und langsam fließenden Gewässern der Tropen und Subtropen zu Hause sind, sind es die Väter und nicht die Mütter, die sich um den Nachwuchs kümmern.
Zunächst einmal fällt bei den Riesenwanzen der Vater in spe durch seine gewaltige Manneskraft auf – bis zu 100-mal hintereinander kopuliert er mit der Dame seines Herzens. Durch die hohe Anzahl der Kopulationen soll gewährleistet werden, dass das Männchen die nötige Sicherheit (Biologen bezeichnen das als Vaterschaftssicherheit) erhält, dass es auch tatsächlich der Vater des künftigen Nachwuchses ist und sich

daher auch bereit zeigt, die Sprösslinge zu betreuen. Das Weibchen ist nach diesem Liebesmarathon offensichtlich der Meinung, dass es seine Pflicht in Sachen Eheleben und Brutfürsorge nun wirklich mehr als erfüllt hat, und klebt alsbald dem sich heftig, aber letztendlich stets vergeblich sträubenden Männchen ein bis zu 150 Eier umfassendes Eipaket auf den Rücken.

Keine ganz einfache Situation für das Männchen, das jetzt immerhin eine Zusatzlast, die das Zwei- bis Dreifache seines Eigengewichtes beträgt, mit sich schleppen muss. Da heißt es aufpassen, das man nicht absäuft. Eine schwierige und vor allem anstrengende Angelegenheit, denn der werdende Vater muss sich ständig in der Nähe der Wasseroberfläche aufhalten, da die Eier zum einen feucht gehalten, aber auch durch kurzes Auftauchen immer wieder mit frischem Sauerstoff versorgt werden müssen. Gleichzeitig muss das »schwangere« Männchen auch noch ständig seinen »Eierrucksack« vor Fressfeinden aller Art schützen. Kein Wunder also, dass bei so viel Stress vereinzelt auch Riesenwanzenväter dabei beobachtet worden sind, wie sie sich still und heimlich ihres Eipakets entledigt haben.

Die väterliche Brutfürsorge dauert etwa eine Woche, dann schlüpfen die Larven, die sofort in der Lage sind, ein eigenständiges Leben zu führen.

Doch nicht nur im Wasser, sondern auch bei den wirbellosen Landtieren gibt es einige wenige Arten, bei denen es aus-

In Thailand gelten Riesenwanzen als begehrte Delikatesse, die auf vielen Märkten geröstet oder gebacken angeboten werden.

schließlich das Männchen ist, das sich um das Wohlergehen des Nachwuchses kümmert. So konstruieren die Männchen der auf einer Insel im Panamakanal lebenden Weberknechtart mit dem wissenschaftlichen Namen *Zygopachylus albomarginis* tassenähnliche Nester aus Schlamm und Rinde, in die sie dann zunächst einmal geneigte Weibchen zur Balz einladen. Die Herren Weberknechte sind jedoch recht wählerisch, nicht jede Weberknechtdame wird für würdig erachtet, deshalb werden Damen, die nicht zu gefallen wissen, recht unsanft mit wütenden Bissen aus dem Nest, das meist an Fuße von Baumstämmen angebracht ist, gejagt.
Nach Kopulation und Eiablage verlassen dann die Weibchen sofort wieder die Nester, um auf Nimmerwiedersehen zu verschwinden und die Brutfürsorge den werdenden Vätern zu überlassen. Das Männchen bewacht die Eier, bis etwa nach 20 Tagen die Jungen schlüpfen. In dieser Zeit ist der Weber-

knechtmann eifrig damit beschäftigt, wichtige Reparaturarbeiten am Nest durchzuführen und die Eier immer wieder sorgfältig von gefährlichem Pilzbewuchs, der sich im feuchten tropischen Regenwald naturgemäß sehr schnell einstellt, zu reinigen. Und auch der Schutz der Eier ist perfekt: So werden mögliche Fressfeinde wie etwa Ameisen, die gerne in das Nest eindringen, um sich die nährtoffreichen Weberknechteier einzuverleiben, vom stets wachsamen Vater in spe sofort mit den Füßen gepackt und nach Ringermanier in hohem Bogen hinausbefördert. Nach dem Schlüpfen bleiben die Jungen noch einige Tage unter der Aufsicht des Vaters im Nest, bevor sie ein selbstständiges Leben beginnen.

Sogar bei zwei Arten von marinen Borstenwürmern, einer Gruppe, die auf einer relativ niedrigen Entwicklungsstufe im Tierreich steht, sind es die Väter, die sich der gemeinsamen

Kinder annehmen. So krabbelt zum Beispiel bei der Borstenwurmart *Neanthes arenaceodentata*, die in Flussmündungen auf der ganzen Welt zu finden ist, ein Weibchen in die Wohnhöhle des Männchens und legt dort rund 1000 Eier, die vom Männchen sofort befruchtet werden. Während das Weibchen unmittelbar nach der Eiablage stirbt, bewacht und beschützt das Männchen den Nachwuchs bis zum Schlüpfen der Larven.

PAPA GEHT FREMD – VOM TREUE-GEN UND TIERISCHEN SEITENSPRÜNGEN

Es ist noch nicht lange her, im Sommer 2004 war es, da dominierte die Nachricht vom frisch entdeckten Treue-Gen bei Wühlmäusen die Schlagzeilen. Nicht nur wissenschaftliche Fachpublikationen, auch der »Spiegel« und sogar Hochglanzmagazine brachten entsprechende Artikel, die – wen wundert's – auf breitestes Interesse stießen.

Eine kurze Gentherapie, und alle Welt lebt künftig glücklich und in alle Ewigkeit monogam. Keine lasterhaften Seitensprünge mehr, stattdessen nur noch treue Ehegatten, bis dass der Tod sie scheide. Und das nicht nur bei Mäusen, sondern auch beim *Homo sapiens*. Da sich die Hormonmechanismen ähneln, stellten amerikanische Wissenschaftler nämlich auch gleich noch die These auf, diese Technik könne eines Tages auch auf den Menschen angewandt werden. Vorbei mit den Scheidungswaisen, alleinerziehende Mütter und Väter gehören der Vergangenheit an, Patchworkfamilien sind passé.

Bedenkt man, dass die Scheidungsrate in Deutschland heute bei über 50 Prozent liegt – und zwar unabhängig davon, ob Nachwuchs da ist oder nicht – eine durchaus verlockende Perspektive.

Begonnen hatte alles damit, dass ein US-amerikanisches Forscherteam um Miranda Lim von der Emory University in Atlanta, Georgia, mittels Gentherapie im Gehirn von Wiesenwühlmaus-Männchen die Menge eines Eiweißstoffes erhöhte und dadurch bewirkte, dass aus sehr seitensprungfreudigen Mäuseherren absolut treue Gatten wurden. Die Mäusedamen samt Nachwuchs dürften begeistert gewesen sein!

Zoologen hatten schon länger festgestellt, dass Präriewühlmäuse streng monogam leben, während die ihnen nahe ver-

wandten Wiesenwühlmäuse mit ehelicher Treue rein gar nichts am Hut haben. Die amerikanischen Forscher vermuteten den Grund dafür in einer unterschiedlichen Menge des Hormons Vasopressin im Gehirn, was die Untersuchung bestätigte: Bei den monogamen Präriewühlmäusen fanden die Forscher nämlich sehr viel mehr Rezeptoren für Vasopressin in bestimmten Gehirnregionen als bei deren promiskuitiven Vettern.

Nun schleusten sie mittels eines harmlosen Virus die Genvariante der treuen Präriebewohner in das Gehirn der Wiesenmausmänner, und siehe da: Auf einmal blieben diese ganz zufrieden bei ihrer Frau Gemahlin samt Kids und schielten nicht mehr nach fremden Gespielinnen. Selbst Witwer gingen nur in seltensten Ausnahmefällen eine neue Bindung ein. Das Gen, um das es geht, enthält die Information für einen Rezeptor, der auf das Hormon Vasopressin reagiert. Und da Studien bei Affen den Zusammenhang zwischen Vasopressin-Rezeptoren und Treueverhalten bestätigen, lag eine Übertragung auf den Menschen wohl tatsächlich nicht fern.

Das Ganze hat nur einen Haken: Es stimmt nicht. Nicht lange nach den tollen Erfolgsmeldungen folgte die Ernüchterung, denn als Genetiker vom Zoologischen Institut der Universität Bern die DNA von 25 Mausarten untersuchten, entdeckten sie das vermeintliche Treue-Gen in allen untersuchten – mit Ausnahme der oben erwähnten Wiesenwühlmäuse. Dabei leben fast alle der Probanden polygam. Aus der Traum vom treuen Gatten also, und es wäre ja auch wirklich zu schön gewesen, um wahr zu sein.

Nichtsdestotrotz gibt es im Tierreich zahlreiche Geschöpfe, die – Treue-Gen hin oder her – lebenslange Ehen eingehen. Bei den Vögeln ist die (serielle) Einehe schon fast die Regel, allerdings bei den Nesthockern sehr viel häufiger als bei Nest-

Dass ein einzelnes Gen durchaus ausreichen kann, ein komplettes Verhaltensprogramm zu steuern, haben österreichische Forscher nachweisen können: Als sie bei der Taufliege *Drosophila melanogaster* die männliche Form eines Gens auf Weibchen übertrugen, begannen diese, sich wie Männchen zu benehmen. *Drosophila*-Herren hingegen, denen man die weibliche Form des Gens einpflanzte, verging jede Lust auf ein Techtelmechtel mit Fliegendamen.

Während rund 90 Prozent der Vögel als monogam gelten, findet man unter den rund 1000 Säugetierarten gerade mal schlappe drei Prozent, bei denen sich die Partner treu sind. Dazu zählen verschiedene Vertreter der Nagetiere wie Biber, Nutria und Chinchilla sowie einige Hundeartige, vor allem Rotfuchs, Graufuchs, Polarfuchs und auch der Wolf. Bei dem wilden Urahn unseres Hundes paart sich das ranghöchste Männchen (fast) ausschließlich mit dem ranghöchsten Weibchen.

flüchtern, wo der Nachwuchs ja von Anfang an recht selbstständig ist.

Der Grund liegt auf der Hand: Zur zeit- und energieaufwendigen Aufzucht von Jungen ist es allemal hilfreich, wenn einem ein Partner unterstützenderweise zur Hand respektive zum Flügel geht. Geradezu unmöglich wäre es beispielsweise einem antarktischen Kaiserpinguin (siehe S. 72 ff.), allein ein Junges großzuziehen. Beide Eltern wechseln sich ab, um Futter heranzuschaffen, und sind dabei tagelang unterwegs. Kommt Papa oder Mama von der Wanderung nicht zurück, hat der Embryo oder das Küken keine Überlebenschance. Die Brut war dann in diesem Jahr umsonst. Für Seitensprünge und lockeren Lebenswandel bleibt da schlichtweg weder Zeit noch Energie.

Eheliche Treue zahlt sich jedoch auch anderweitig aus. Von den Möwen etwa weiß man, dass diejenigen Paare, die am längsten zusammen sind, die meisten Jungen durchbringen. Die Eltern sind ein eingespieltes Paar, das sich aufeinander verlassen kann und einander ergänzt. Warum dagegen die tropischen Schmetterlingsfische einander lebenslang treu sind, ist (zumindest biologisch) nicht erklärbar. Ersichtliche Notwendigkeit dazu besteht jedenfalls nicht. Schließlich überlassen die beiden ihren Nachwuchs und dessen Entwicklung voll und ganz dem Meer. Nach der Eiablage breitet das Männchen seine Spermien darüber, das war's dann. Brutpflege irgendeiner Art gibt es keine.

Nun kommen Seitensprünge nicht nur bei Männern vor, es braucht ja bekanntlich immer zwei dazu, und insofern muss es auch Frauen geben, die ihren Angetrauten bisweilen hintergehen. Zoologen und Verhaltensforscher haben dafür drei Hauptgründe dingfest gemacht, von denen zumindest zwei vorrangig mit dem Nachwuchs zu tun haben: bessere Gene

für die Kids und Schutz bereits geborener Kinder vor anderen, kindermordenden Herren.
Während es den Männern immer darum geht, dass der möglichst zahlreiche Nachwuchs wirklich von ihnen stammt, sind das oberste Ziel der Mütter gesunde und lebenstüchtige Kinder. Um dies zu erreichen, setzen die Weibchen verschiedener Tierarten auf mehrere Strategien. Ein wichtiger Punkt ist die Vermeidung von Inzest, der bekanntlich ein Risiko für die Überlebensfähigkeit der gesamten Art darstellt. So stellten österreichische Wissenschaftler, die die »Untreue-Rate« bei Küstenvögeln verglichen, fest, dass sich, je enger die Eltern genetisch verwandt waren, umso häufig in den Gelegen Küken fanden, die von fremden Vätern stammten. Woran die Vögel festmachen, ob sie mit ihrem Partner blutsverwandt

sind, ist bislang allerdings nicht bekannt (bei Nagetieren weiß man, dass dies über den Geruchssinn erfolgt).

Ebenfalls auf bessere Gene dürften Blaumeisen spekulieren, bei denen rund die Hälfte aller Ehen mit einer Scheidung endet. Wissenschaftler vom Max-Planck-Institut für Ornithologie fanden heraus, dass sich die Paare relativ rasch wieder trennten, wenn aus einer Beziehung zu wenige Kinder hervorgingen. Die Herren der Schöpfung suchten sich in diesen Fällen meist größere Weibchen, von denen sie sich mehr Eier versprachen, die Damen dagegen erhofften sich (zurecht, wie die Studie zeigte) durch Wechsel zu einem Partner mit repräsentablerem Revier eine höhere Reproduktionsrate. Aber Meise ist nicht gleich Meise. Tannenmeisen zum Beispiel, die im Regelfall lebenslange Bindungen eingehen, suchen den Scheidungsanwalt kaum auf, leisten sich dafür öfters einen Seitensprung. Bonner Evolutionsbiologen zufolge gehören diese heimischen Singvögel zu den »Top 10 unter den Fremdgängern« weltweit. Fast jedes dritte Küken der Erstbrut sei ein »Kuckuckskind«, bei einer Zweitbrut sogar jedes zweite. Besonders erfolgreiche Charmeure sind wohl ältere Tannenmeisenmänner – vermutlich, weil sie lange überlebten und deshalb als gute Vererber eingestuft werden. Dazu kommt, dass ältere Väter sich deutlich weniger an der Brutpflege der Kinder beteiligen als Erstväter und deshalb auch mehr Zeit für Seitensprünge haben.

Einer australischen Studie zufolge haben Beutelmausweibchen mit wechselnden Sexpartnern größere Chancen, gesunden Nachwuchs in die Welt zu setzen, als ihre monogamen Artgenossinnen. Die Wissenschaftler erforschten zwei Jahre lang das Liebesleben der kleinen fleischfressenden Beutler, die sie in zwei Gruppen geteilt hatten: Während sich die Damen der einen mit nur jeweils einem Partner paaren durf-

ten, konnten die anderen unverblümt der Promikuität frönen. Ergebnis? Die Kinder der letzteren hatten eine dreimal so hohe Überlebensrate, was die Forscher darauf zurückführen, dass hier die Möglichkeit bestand, einen Vater mit gutem Sperma zu ergattern. Übrigens kam bei der Studie auch heraus, dass die sexuell besonders aktiven Männer nach der intensiven Paarungssaison häufig an Erschöpfung starben!

Auch Schimpansinnen ist Sex mit wechselnden Lovern offenbar wichtiger als die Bindung an den Pascha ihrer Horde. Forscher aus Leipzig und Schottland beobachteten 16 Monate lang das Liebesleben der Primaten im ugandischen Regenwald und stellten fest, dass sich die Damen, die ihre Paarungsbereitschaft gewöhnlich mit lauten Werbungsrufen kundtun, sich beim Fremdgehen ausgesprochen still verhielten. Sobald der Chef des Klans oder auch hochrangige andere Weibchen in der Nähe waren (die sie wohl nicht auf gute Männer aufmerksam machen wollten), verstummten die lie-

beslustigen Ladys und agierten mit ihren Gigolos eher nonverbal.
Generell huldigen unsere behaarten Vettern der Monogamie mehr als die meisten Säugetiere. Neuesten Erkenntnissen nach leben mindestens 14 der rund 200 Primatenarten (mit Seitensprüngen, wohlgemerkt) in Zweierbeziehungen, während es bei den Säugern insgesamt nur rund drei Prozent sind. Dabei sind Affen durchaus triebige Gesellen, die es mit der Treue nicht so genau nehmen. Besonders wild treiben es die Bonobos (Zwergschimpansen), die sich, noch dazu völlig unabhängig von der Zeugung von Nachwuchs, fröhlich kopulierend die Zeit vertreiben und dabei homosexuelle Beziehungen ebenso sichtlich lustvoll genießen wie das Liebemachen mit dem anderen Geschlecht. Eher monogame Bindungen findet man dagegen etwa bei Krallenaffen und Gibbons, wo sich die Väter auch deutlich mehr an der Erziehung der Kids beteiligen als bei nicht-monogamen Arten.

Der »Viele-Väter«-Trick

Wenn im Mai die Paarungszeit der Braunbären anbricht, kennen die Männchen nur ein Ziel: Möglichst viele Weibchen zu begatten – gilt es doch zu gewährleisten, dass die Chance, dass es die eigenen Gene sind, die weitergegeben werden, so groß wie möglich ist. Da aber Weibchen, die bereits Junge von anderen Bärenmännchen haben, nicht paarungsbereit sind, wird dieser Nachwuchs häufig von den männlichen Bären kurzerhand umgebracht, um so die Mütter wieder in einen empfängnisbereiten Zustand zu versetzen. Forscher der Universität Wien haben jetzt entdeckt, dass die Braunbärenweibchen eine raffinierte Gegenstrategie entwickelt haben, um zu verhindern, dass ihr zukünftiger Nachwuchs von männlichen Braunbären getötet wird. Sie frönen einfach der »Vielmännerei«. Normalerweise paart sich ein Braunbärenweibchen nur mit einem Männchen. Hat eine Bärenfrau aber mit mehreren Männchen der Population Sex, dann glauben später alle beteiligten Braunbärmänner, sie seien der Vater, und lassen den Wurf in Ruhe. So kann Promiskuität – zumindest bei Braunbären – Leben retten.

Und dann gibt es da wie gesagt noch die Fälle, in denen Mama fremdgeht, weil sie so ihre Kids vor Angriffen durch fremde Männer schützt. Bei Hühnern findet man diesen sogenannten Infantizid (das Töten von fremden Kindern) ebenso wie bei Eisbären und Schimpansen. Die Ladys gehen hier oft mit mehreren Männchen ins Nest oder Heu, damit diese sich nicht an ihren Kindern vergreifen, was sonst durchaus vorkommt. Nach einem gelungenen Tête-à-tête dagegen meint der Eroberer, dass der Nachwuchs ja auch von ihm stammen könnte, und lässt Mutter und Kind in aller Regel in Frieden.

Der dritte Grund, den die Forscher vom Max-Planck-Institut für evolutionäre Anthropologie (neben den genetischen Vorteilen und dem Schutz ihrer Kids vor Infantizid) dafür nennen, dass sozial monogam lebende Weibchen mit anderen Männchen Sex haben, ist schlichtweg Egoismus: Die Frauen lassen sich für ihre Gunstbezeugungen bezahlen. Futtergeschenke sind besonders begehrt (und kommen dazu noch bisweilen auch dem Nachwuchs zugute), aber allein schon der Zugang zur Nahrungssuche im nachbarlichen Revier lässt manche Frau schwach werden. Offenbar geht die »Liebe« bei Frauen nicht zuletzt durch den Magen! Als weiteren Vorteil fanden die Wissenschaftler heraus, dass (männliche) Nachbarn, die zuvor mit der Fremdgängerin ins Nest gegangen waren, deutlicher vor nahenden Fressfeinden warnten.

Dass die Herren der Schöpfung wenig begeistert davon sind, wenn ihre Gemahlin sich dieselben Freiheiten herausnimmt wie sie selbst, liegt auf der Hand. So wurde etwa festgestellt, dass Weibchen, die sich beim Seitensprung von ihrem Gatten erwischen ließen, mit eingeschränkter Hilfe bei der Kinderbetreuung rechnen müssen. Und einige Tierarten haben regelrechte Tricks erfunden, um sicherzustellen, dass die gemeinsame Brut auch wirklich keine Kuckuckseier enthält. So mischen Hausfliegenmänner ihren Spermien eine Substanz

Schwanengesang

Geradezu legendär ist die lebenslange Treue bei Schwänen, wo selbst Witwer nur Witwen ehelichen. Ein überaus skurriler Fall machte im Mai 2006 Schlagzeilen: Trauerschwan Petra, wohl einer Privatzucht entfleucht, verliebte sich nämlich in ein Tretboot. Dieses hatte nun zwar Schwanengestalt, war aber doch einige Nummern zu groß – und eben auch nicht aus Fleisch und Federn, sondern aus Plastik. Nichtsdestoweniger schien es die große Liebe der Schwanendiva, und sie folgte dem vermeintlichen Gespielen sogar bis ins Winterquartier. Die ganze Welt nahm teil an der unerfüllten Liebe zwischen kleinem schwarzen Schwan und großem weißen Tretboot. Dann kam die Überraschungsmeldung: Die Trauerschwänin turtelte auf einmal mit einem weißem Höckerschwan. Auch das war freilich ungewöhnlich, denn in der Natur begegnen sich die beiden Arten nicht, die einen leben in Australien, die anderen in Europa. Aber andererseits war der Neue ja auch weiß wie das Boot. Ein Happyend gab es trotzdem nicht. Der gefiederte Herr verließ Petra nach einer kurzen Liaison und setzte sich an einen anderen Teich ab. Um die Trauer der Schwanendame zu lindern, hat man ihr mittlerweile das Tretboot zurückgebracht. Mit Nachwuchs ist aus dieser Beziehung aber wohl eher nicht zu rechnen …

bei, die die hormonellen Begehrlichkeiten ihrer Gespielin schwächt, andere Tiermänner (zum Beispiel Fledermäuse, Ratten, Maulwürfe, Eichhörnchen, aber auch Schlangen und sogar einige Insekten- und Spinnenarten) legen ihrer Angetrauten gar einen regelrechten Keuschheitsgürtel an. Und viele gefiederte Herren bewachen die werdende Mutter schlichtweg rund um die Uhr, bis die Eier gelegt sind. Wissenschaftler der Universität Oxford fanden heraus, dass Hähne ihre Damen auch durch vorgetäuschte Paarung, d.h. ohne Spermaübertragung, von Seitensprüngen abhalten. Offenbar reicht allein die Besteigung aus, um die Ladys bei der Stange zu halten, was den Gockeln letztlich die Chancen auf eigene Vaterschaft und damit die Weitergabe ihrer Gene sichert.

Der Coolidge-Effekt oder Abwechslung tut not

Als Coolidge-Effekt bezeichnen Wissenschaftler den wachsende Widerwillen eines Männchen, immer wieder mit demselben Weibchen, ohne jegliche Abwechslung, Sex zu haben. So konnte bereits 1956 bei Experimenten mit Ratten nachgewiesen werden, dass ausschließlicher Verkehr mit demselben Weibchen das sexuelle Verlangen des Männchens deutlich dämpft. Sperrt man nämlich einen Rattenmann zu einem Rattenweibchen in einen Käfig, zeigt er sofort ein lebhaftes Interesse an seiner Partnerin und bespringt sie augenblicklich, um sich nach einer kurzen Erholungspause mit der gleichen Begeisterung erneut auf das Weibchen zu stürzen. Doch nach

dem vierten oder fünften Mal Sex zieht sich das Männchen plötzlich zurück – seine Libido ist erloschen.
Der Coolidge-Effekt verdankt seinen Namen dem US-Präsidenten Calvin Coolidge (1872–1933). Nach einer gerne verbreiteten, jedoch nie authentifizierten Anekdote besuchte der 30. Präsident der Vereinigten Staaten zusammen mit seiner Gattin eine Hühnerfarm, wo man Mrs. Coolidge auf einen Hahn aufmerksam machte, der gerade ein Henne bestieg, und der erstaunten Präsidentengattin voller Stolz mitteilte, dieser Hahn könne diesen Akt bis zu zwölf Mal am Tag und das jeden Tag vollziehen. Daraufhin soll Mrs. Coolidge schnippisch bemerkt haben: »Sagen Sie das mal meinem Mann!« Als der Präsident diese Bemerkung hörte, hakte er jedoch nach und fragte den Farmer »Besteigt der Hahn denn jedes Mal die-

selbe Henne?« Worauf der Farmer ihm erklärte: »Nein, jedes Mal eine andere.« Darauf Coolidge: »Sagen Sie das mal meiner Frau.«

Die wissenschaftlichen Grundlagen für den Coolidge-Effekt lieferte vor wenigen Jahren der Psychologe Dennis Fiorino von der kanadischen University of British Columbia mit Hilfe eines spektakulären Experiments. Die Arbeit Fiorinos beruht auf der Erkenntnis, dass das Lustzentrum des Gehirns, das sogenannte Rotlichtviertel, die entscheidende Rolle bei der Entwicklung der männlichen Libido spielt. Die Nervenzellen im Lustzentrum schütten nämlich beim verliebten oder sexuell erregten Menschen große Mengen des auch als Glückshormon bezeichneten Botenstoffs Dopamin aus. Dopamin steigert das Wohlbefinden und macht darüber hinaus euphorisch. Fiorino maß nun kontinuierlich mit Hilfe von im Gehirn angebrachten Mikrosonden den Dopamingehalt männlicher Ratten, denen man eine Rattendame zur Verlustierung »zur Verfügung gestellt« hatte. Und siehe da, schon die pure Gegenwart der Rättin steigerte den Dopaminpegel des paarungsbereiten Männchen um satte 90 Prozent. Beim anschließenden Sex konnte Fiorino dann sogar nochmals eine Steigerung um weitere 10 Prozent registrieren. Mit der Zeit erlahmte jedoch, bedingt durch den Coolidge-Effekt, die Begeisterung der Rattenmänner für ihre Partnerinnen, und parallel dazu fiel auch der Dopaminspiegel der Männchen nach und nach wieder auf seinen Ausgangswert zurück. Bot man den Rattenherren jedoch ein neues Rattenweibchen mit noch unverbrauchtem Sexappeal an, kehrte die Libido schlagartig zurück, und auch der Dopaminspiegel stieg wieder drastisch an.

Aus evolutionsbiologischer Sicht stellt der Coolidge-Effekt eine sinnvolle Überlebensstrategie dar, die gewährleistet, dass die eigenen Gene in möglichst großem Umfang weitergegeben werden. Geht es doch in einer Population in erster Linie darum, die genetische Vielfalt der Nachkommenschaft zu vergrößern, um für die Herausforderungen der Zukunft gewappnet zu sein. Mit dem ewig gleichen Weibchen lässt sich der Fortpflanzungserfolg durch wiederholten Sex schließlich nicht entscheidend vermehren. Und da ist es schon ganz günstig, dass Mutter Natur einen zuverlässigen hormonellen Mechanismus ins Gehirn eingebaut hat, der die Libido nach einer Weile auf neue Ziele lenkt.

Genetische Vielfalt kommt im Tierreich in den meisten Fällen eben doch deutlich vor dem Wunsch nach einer harmonischen Zweierbeziehung.

WENN DER PAPA ZUR MAMA WIRD

Der Disney-Klassiker »Findet Nemo« spielte in den USA mehr als 400 Millionen US-Dollar ein und gilt als erfolgreichster Animationsfilm aller Zeiten, eroberte doch der Protagonist des Kinostreifens, ein niedlicher (wenn auch künstlich animierter) Clownfisch namens Nemo, die Herzen der großen und kleinen Zuschauer im Sturm. Die Folge war ein regelrechter »Nemo-Hype«, und viele Kinder wünschten sich nichts sehnlicher, als unter dem Weihnachtsbaum einen »echten« Nemo vorzufinden, natürlich samt Meerwasseraquarium, versteht sich. Und tatsächlich meldeten Aquaristikgroßhändler zum Fest ein Umsatzplus bei Clownfischen von bis zu 300 Prozent.

Für Biologen dagegen sind Clownfische vor allem durch ihre enge Partnerschaft – Wissenschaftler sprechen von einer sogenannten Symbiose – mit Seeanemonen von besonderem Interesse. Bei Seeanemonen handelt es sich übrigens nicht, wie der Name vermuten lässt, um Pflanzen, sondern sie gehören – wie auch Korallen und Quallen – zu den sogenannten Nesseltieren. Die Symbiose zwischen Fisch und Seeanemone bietet beiden Partnern unbestreitbare Vorteile: Die Anemonen schützen die Clownfische mit ihren nesselnden Tentakeln vor Fressfeinden, im Gegenzug versorgen die Fische ihr lebendes Zuhause regelmäßig mit den Resten ihrer Mahlzeit, denn ein Clownfisch geht meist auf Nummer sicher und frisst bevorzugt im Schutze der Tentakeln seines Hauswirts. Und nähern sich einmal Fressfeinde der Anemone, z. B. ein Falter- oder ein Feilenfisch, verteidigen die Clownfische ihr Heim mit wütenden Scheinangriffen und präsentieren ihre leuchtend bunten Abschreckfarben. Die Clownfische selbst sind vor den giftigen Tentakeln durch eine spezielle Schleimschicht geschützt, die verhindert, dass die Nesselzellen ausgelöst werden.

Das Familien- bzw. Sexleben der tropischen Meeresfische ist ebenfalls ziemlich kurios, wenn auch streng geregelt. Clownfische sind nämlich sogenannte protandrische Zwitter. Das bedeutet, dass sie die Anlagen sowohl für männliche als auch für weibliche Geschlechtsorgane besitzen, ihr Leben jedoch zunächst einmal als Männchen beginnen. Die jungen Fische leben fast immer in Sechser- bis Achtergruppen in einer sie schützenden Anemone. Das größte Exemplar verwandelt sich dann in ein Weibchen, das auch die Führung der Gruppe übernimmt, das heißt, bei Clownfischen herrscht das Matriarchat. Die restlichen Gruppenmitglieder sind alle Männchen, die in einer strengen Hierarchie leben. Nur das zweitgrößte Tier darf in die Rolle eines männlichen Partners schlüpfen und mit dem Weibchen Sex haben. Die übrigen Mitglieder der Gemeinschaft bleiben ebenfalls Männchen – stehen aber unter der Fuchtel des »Ehepaares« und sind zunächst einmal zur sexuellen Inaktivität verdammt. Wird das Weibchen, wie das im Kinofilm der Mutter des kleinen Clownfisches passierte, von einem hungrigen Raubfisch gefressen, stellt das ranghöchste Männchen – also quasi der Witwer – die Spermaproduktion ein und lässt stattdessen die Eierstöcke auf Hochtouren laufen – verwandelt sich also in ein Weibchen. Der nächstgrößere Fisch reift dann zum dazu passenden »Liebhaber«-Männchen heran, und auch die anderen Herren rücken in der Hierarchie eine Stufe nach oben.

Das komplizierte Familienleben der Clownfische hat durchaus einen Sinn: Durch den Geschlechtswechsel des rang-

höchsten Männchen zum Weibchen beim Tod der Gruppenchefin sind die Fische nicht gezwungen, ihre schützende Anemone zu verlassen, um sich auf die gefahrvolle Suche nach einem neuen Weibchen zu begeben.
Aber nicht nur ein Geschlechtswechsel, sondern auch ein Geschlechtertausch ist im Tierreich möglich. Normalerweise sind die Rollen klar verteilt: Aufgabe des Herrn der Schöpfung ist es, sich eine Partnerin zu suchen, ein Revier zu finden oder zu erobern und dieses dann gegen Konkurrenten zu verteidigen. Der Job des Weibchens dagegen besteht darin, sich zuallererst um den Nachwuchs zu kümmern. Beim afrikanischen Grillkuckuck *(Centropus grillii)* ist das alles ganz anders: Hier haben die Weibchen, die viel größer und schwerer als die Männchen sind, die Hosen an und zeigen ein echtes Macho-Verhalten: Bereits zur Regenzeit kleiden sich die Weibchen in ein prächtiges Balzgefieder und besetzen große Territorien, deren Besitz sie dann durch anhaltenden Gesang lauthals verkünden. Konkurrentinnen werden unnachgiebig vertrieben. Männchen sind dagegen höchst willkommen, und zwar je mehr desto besser, verpaaren sich die Weibchen doch stets mit mehreren Männchen – klassische Polyandrie lautet der Fachbegriff für dieses außergewöhnliche Verhalten in Wissenschaftlerkreisen. Die Männchen übernehmen mit Nestbau, Brutgeschäft und Fütterung die gesamte Aufzucht der Jungen. Jedes Männchen hat sein eigenes Nest, in das das Weibchen drei bis sieben Eier legt, um sich dann gleich wieder der Eroberung neuer Männer zu widmen.
Wissenschaftler des Max-Planck-Instituts für Ornithologie in Seewiesen konnten vor Kurzem zeigen, dass es das in den männlichen Keimdrüsen gebildete männliche Sexualhormon Testosteron ist, dem eine entscheidende Funktion beim Rollentausch der Geschlechter zukommt. So ist seit Langem

bekannt, dass Vogelmännchen in der Balzzeit erhöhte Mengen an Testosteron ausschütten, ein Hormon, das bei männlichen Vögeln das Sexual- und Territorialverhalten stimuliert, das Brutpflegeverhalten jedoch hemmt. Zunächst vermuteten die Wissenschaftler, dass der Tausch der Geschlechterrollen mit umgekehrten Testosteronkonzentrationen im Blut einhergeht. Unterstützt wurde diese These durch die Tatsache, dass beim afrikanischen Grillkuckuck nur der rechte Hoden voll funktionsfähig, der linke dagegen vollständig zurückgebildet ist. Untersuchungen zeigten jedoch, dass die Testosteronprofile beim Grillkuckuck nicht aus dem Rahmen fielen – es wurden hohe Werte bei den Männchen und niedrige bei den Weibchen gemessen.

Ist das Testosteron also am Ende doch gar nicht für das aggressive und territoriale Verhalten der Weibchen verantwortlich? Wohl doch, wie die Wissenschaftler herausgefunden haben. Testosteron entfaltet nämlich seine Wirkung, indem es an sogenannte Androgenrezeptoren im Gehirn bindet. Die Wissenschaftler entdeckten, dass Grillkuckucksweibchen am sogenannten Nucleus taeniae – einem Gehirnbereich, der an der Steuerung von territorialem und aggressivem Verhalten beteiligt ist – deutlich mehr Androgenrezeptoren ausbilden als die Männchen und deshalb viel empfindlicher auf geringe Testosteronmengen als ihre Partner reagieren können. Mit diesem physiologischen Kniff haben die Weibchen möglicherweise einen Weg gefunden, die Nachteile hoher Testosteronwerte zu umgehen, denn sehr hohe Testosteronkonzentrationen stören bei Wirbeltierweibchen oft die Fortpflanzung.

Ersatzpenis für den Notfall

Wer ein kluger Vater in spe ist, geht auch beim Sex auf Nummer sicher. Zumindest bei Ohrenkneifern ist das so, wie Forscher der Universität Tokio zeigen konnten, denn die Männchen dieser Insektenordnung haben stets einen Ersatzpenis dabei. Und den haben die kleinen Krabbler oft auch bitter nötig, denn bei Ohrenkneifern kommt es körperbedingt doch recht häufig zu Pannen beim Geschlechtsakt: Die Herren der Schöpfung brechen nämlich öfters mal beim Sex mit der Dame ihres Herzens ihren körperlangen Penis am harten Chitinpanzer des Weibchens ab. Die derart gehandicapten Ohrenkneifermänner brauchen deshalb aber auf eine Begattung weiterer Weibchen nicht zu verzichten – sie benutzen einfach ihren Reservepenis, der früher fälschlicherweise von der Wissenschaft für nicht funktionsfähig angesehen wurde. Die japanischen Forscher vermuten sogar, dass die Ohrenkneiferherren ihr bestes Stück ab und an mit voller Absicht abbrechen, um so den Geschlechtsgang der Partnerin wie mit einem Keuschheitsgürtel zu verschließen. Mit diesem Trick soll verhindert werden, dass noch weitere Männer zum Zuge kommen, sosdass gewährleistet ist, dass nur die eigenen Gene weitergeben werden.

VATERSCHAFT MACHT SCHLAU

Eine Vaterschaft verbessert die Gedächtnisleistung und die Planungsfähigkeit im Gehirn. Zumindest bei Weißbüschelaffchen, einer Affenart, bei der sich im Gegensatz zu anderen Primaten auch die Männchen intensiv um den Nachwuchs kümmern, ist das so, wie amerikanische Wissenschaftler der renommierten Princeton-Universität herausgefunden haben.
Verantwortlich für diese verblüffende Tatsache ist der veränderte Hormonspiegel der stolzen Affenväter nach der Geburt, der offensichtlich umfassende strukturelle Veränderungen in wichtigen Hirngebieten der Primaten auslöst. Besonders schwerwiegende Veränderungen wurden im Hippocampus, einer Hirnregion, die für die Bildung, Verarbeitung und Abspeicherung von Erinnerungen verantwortlich ist, sowie im präfrontalen Cortex festgestellt, der für kompliziertere Denkvorgänge und die Planung zuständig ist. Die amerikanischen Biologen konnten zeigen, dass sich in beiden Hirnarealen die Anzahl der Verknüpfungen zwischen den einzelnen Nervenzellen und damit die Informationsverarbeitungskapazität drastisch erhöht hatte. Zusätzlich fanden die Forscher in den relevanten Gebieten eine erhöhte Menge von Hormonerkennungsmolekülen. Die Anzahl dieser Moleküle sank jedoch in dem Augenblick, in dem die Jungtiere unabhängig wurden, wieder auf Normalmaß zurück. Die Hirnveränderungen bei den Affenvätern traten übrigens sowohl bei Männchen, die zum ersten Mal Vater wurden, als auch bei sehr erfahrenen Vätern auf.
Eine gewisse Bauernschläue verrät auch das Verhalten gewisser Fischväter. Wissenschaftler der Universität Helsinki haben nämlich herausgefunden, dass Sandgrundelmännchen sich

eine raffinierte, aber auch ziemlich unfeine Strategie haben einfallen lassen, um bei ihren Weibchen Erfolg zu haben. Wohl wissend, dass bei der Damenwelt der kleinen Meeresfische fürsorgliche Väter hoch im Kurs stehen – Rabenväter haben hier keine Chance –, zeigen die Herren der Schöpfung unter den kritischen Blicken der Weibchen stets ein Brutverhalten, das über jeden Zweifel erhaben ist: Die traditionell für die Bewachung und Säuberung des Eigeleges zuständigen Väter tarnen brav die Gelege mit Sand oder fächeln den Eiern unermüdlich mit den Brustflossen frisches, sauerstoffreiches Wasser zu.

Die Herren sind allerdings nur solange vorbildliche Väter, wie ein Weibchen zuschaut. Aber wehe, die Sandgrundelväter fühlen sich unbeaufsichtigt – dann ist es oft mit einem Schlag vorbei mit der Fürsorglichkeit: Die Fischmänner vernachlässigen dann nämlich nicht nur sträflich ihre väterlichen Pflich-

ten, sondern vergreifen sich sogar oftmals knabbernderweise am eigenen Nachwuchs. Mitunter werden sogar ganze Gelege verschlungen. Nach Ansicht der finnischen Wissenschaftler erhöhen die Sandgrundelherren durch ihre vorgetäuschte Vaterliebe drastisch ihre Chancen, auch von zukünftigen Sexualpartnerinnen erhört zu werden.

Die gewiefte Aufreißstrategie der Sandgrundelmännchen, einfach »einen auf guten Vater zu machen«, klappt übrigens nicht nur im Tierreich. Ist doch schon seit Langem bekannt, dass auch beim Menschen fürsorgliche Väter beste Chancen bei der Damenwelt haben. So genügt es oft schon, mit dem Kinderwagen im Park unterwegs zu sein, um mit dem anderen Geschlecht zumindest einmal ins Gespräch zu kommen. Casanovas, die – aus welchen Gründen auch immer – kein liebevoll umhegtes Kleinkind vorweisen können, sollten die Flinte jedoch nicht ins Korn werfen. Ein niedliches Hundebaby tut es in den allermeisten Fällen auch.

Die Reise der Pinguine

Spätestens seit dem unglaublichen Erfolg des Kinokassenschlagers »Die Reise der Pinguine« wissen wir es alle: Kaiserpinguine sind monogam (zumindest zeitweise), unendlich aufopferungsbereit und vor allem hingebungsvolle Väter.

Wie menschliche Polarforscher wirken sie, die befrackten Damen und Herren Südpolbewohner, wenn sie über die weiten weißen Ebenen wandern, im Hintergrund ein monochro-

mer Eisberg und das wolkenlose Blau des Himmels. Begleiten wir sie eine Saison lang, wie es der Film tut …
Die große Flirtzeit der Kaiserpinguine, mit denen wir es hier zu tun haben, beginnt im März/April, im antarktischen Herbst, wenn die Zeit der Partnerwerbung ansteht. Einer nach dem anderen springen die bis zu 50 kg schweren

Schmalzig? Und wenn schon: Millionen Menschen haben den Film des französischen Antarktisforschers Luc Jacquet gesehen, die herrlichen, oft surreal wirkenden, stimmungsintensiven Bilder auf sich wirken lassen – und den rührseligen Texten der deutschsprachigen Version gelauscht, wo die Frackträger recht herzzerreißend parlieren. In der englischen Fassung gibt es übrigens lediglich einen wohltuenden, musikalisch untermalten Kommentar. Wer es nicht so menschelnd mag, sollte sich das Ganze also besser auf Englisch anschauen.

Wasservögel kraftvoll-elegant aus dem Ozean, wo sie sich in den letzten Monaten ein dickes Speckpolster angefuttert haben. Bis zu 1,80 m vertikale Distanz können Pinguine beim Verlassen des Wassers überwinden!
Zunächst machen die meisten der Gestrandeten ein paar Bauchrutscher, wobei die Füße als Antrieb dienen und die Arme tüchtig mithelfen und die Richtung vorgeben. Dann stehen sie auf, schütteln sich das Wasser aus dem schwarzweiß-grauen Gefieder und recken die Hälse. Sie schauen sich forschend um. Offensichtlich halten sie Ausschau nach ihren Genossen, den anderen Mitgliedern ihrer Großfamilie. Tatsächlich kommen immer wieder noch Nachzügler. Mehrere Tage lang dauert es, bis sich das Völkchen weitestgehend ver-

sammelt hat. Dann aber geht es los, der Abmarsch zum Winterquartier, zu den Brutplätzen, die bis zu 200 km weit entfernt auf dem sicheren antarktischen Inlandeis liegen, kann beginnen.

Das Meer, wo die rund 130 cm großen Tiere in ihrem eigentlichen Element sind, bleibt zurück. In klirrender Kälte marschiert die Karawane, nur selten wird eine kurze Rast eingelegt. Das Ziel scheinen sie alle intuitiv zu kennen. Größere Eisberge gilt es in weitem Bogen zu umwandern. Kleinere Schnee- und Eiswälle werden watschelnderweise erklommen und bezwungen. Die Schwimmfüße sind zwar nicht optimal dafür, aber wo ein Wille, da ein Weg. Hügelabwärts rutscht man schonmal schlittenmäßig auf dem Bauch. Das spart Kraft und scheint regelrecht Spaß zu machen. Kleine Grüppchen schließen sich zu immer größeren Verbänden zusammen.

Schier endlos scheint der Zug, wenn sie Wochen später dort ankommen, wo sie auch selbst das Licht der Welt erblickt haben: an einem relativ geschützten Platz, einer »Oase der Liebe«, wie es in dem Film »Die Reise der Pinguine« heißt. 39 solche Brutkolonien sind derzeit im Bereich der Antarktis bekannt.

Im Schutze der granitenen Mauerwälle steht dann näheres Kennenlernen oder Wiederzusammenfinden an, gurrend und vor allem lauthals schnäppernd. Da die Herren der Schöpfung weniger zahlreich vertreten sind als die Damen, müssen diese um die Gunst der künftigen Väter ihrer Kinder buhlen, wobei es durchaus zu Flügelgreiflichkeiten kommen kann. Stoßen und schubsen sind da gang und gäbe. Die Männchen sehen diesem Treiben scheinbar amüsiert zu. Wieso auch nicht? Welcher Mann würde es nicht genießen, wenn sich attraktive Frauen um ihn streiten!

Männchen und Weibchen begutachten einander durchaus kritisch-abschätzend. Finden zwei offensichtlichen Gefallen

aneinander, tun sie sich zusammen. Das kommende Jahr über werden sie ein Paar sein, ungeheuer treusorgende Eltern – dann sieht man weiter. Immerhin haben Wissenschaftler herausgefunden, dass häufig der Partner vom Vorjahr wiedergewählt wird. Die Scheidungsrate hängt vom Bruterfolg der letzten Saison ab: Wenn es mit dem Nachwuchs gut geklappt hat, warum etwas Neues probieren? Man hat beobachtet, dass bewährte Partnerschaften bis zu über sieben Jahre lang fortgesetzt werden.

Sobald die ersten Flocken fallen, rückt die Kolonie enger zusammen. Die geschwängerten Weibchen und die werdenden Väter werden stimmlich und auch bewegungsmäßig ruhiger. Nach dem überaus wortreichen, geschäftigen Werbungs- und Paarungstreiben herrscht Schweigen. Nur vereinzelte Frackträger laufen noch herum, die meisten lassen sich dösend den

Wind und die weißen Kristalle um den Schnabel wehen. Nach rund 90 Tagen legen die Weibchen ein einzelnes Ei. Dann kommt die wahre Herausforderung: der Transfer des Eies von den mütterlichen Füßen auf die des Vaters. Das ist insofern eine heikle Angelegenheit, als das wachsende Leben keinesfalls der Kälte ausgesetzt werden darf. Im Gegensatz zu wärmeren Regionen, wo andere gefiederte Genossen ihren Nachwuchs zeugen und zur Welt bringen, drohen zwar praktisch keine Fressfeinde. Aber die Kälte, die binnen Sekunden jegliches Leben zunichte machen kann, ist fast noch gefährlicher.

Es gilt also, das noch in der schützenden Schale befindliche Junge sicher an den Herrn Papa zu übergeben, der sich in den künftigen Wochen ausschließlich seinem Stammhalter zu widmen haben wird. Die beiden Frackträger geben sich sichtlich Mühe, das Procedere möglichst reibungslos abzuwickeln. Fuß hin, Flügel her. Und geschnäbelt wird dabei auch noch.

Trotzdem kommt es vor, dass etwas schiefgeht. Gerade junge Pinguinpaare sind bei der Übergabe oft nervös und stellen sich entsprechend ungeschickt an. Schnabel an Schnabel, Bauch an Bauch, Zehen an Zehen tun sie ihr Möglichstes, das Ei von den Mutterfüßen auf die des Vaters zu balancieren – ein Eiertanz im wahrsten Sinne des Wortes. Rollt das Ei aufs blanke Eis oder in den Schnee, und schaffen sie es nicht, binnen Sekundenbruchteilen einzugreifen und es wieder ins sichere Bauchnest zurückzuholen, ist es perdu. Innerhalb kürzester Zeit gefriert das Einweiß, die Schale platzt, und den soeben noch so hoffnungsfroh scheinenden Eltern bleibt nichts, als hilflos dabei zuzusehen.

Die Weibchen sind erschöpft, die Entwicklung des rund 450 g schweren Eies hat viel Kraft gekostet. Jetzt müssen die ausgehungerten Mütter an sich denken. Der Magen ist leer,

Antianfriermechanismus

Warum frieren Pinguine eigentlich nicht mit ihren Füßen am Eis fest? Die gefiederten Frackträger haben dazu gleich zwei Strategien entwickelt: Zum einen frieren ja bekanntermaßen nur Flüssigkeiten leicht fest – daher wären Tiere mit Schweißfüßen am Südpol extrem gefährdet. Die cleveren Pinguine halten ihre Füße jedoch möglichst trocken. Zusätzlich stehen sie oft auch nur auf den Fersen, um die Kontaktfläche mit dem Eis so klein wie möglich zu halten. Zum anderen kühlen die Vögel ihre Füße mit einem körpereigenen Wärmeaustauscher von den 37 °C, die im übrigen Körper herrschen, auf rund 8 °C herunter. Durch diesen Kniff wird erreicht, dass die Füße gerade so kalt sind, dass das Eis darunter nicht antaut. Der Wärmeaustausch wird durch die spezielle Lage der Blutgefäße in den Beinen ermöglicht, in denen Arterien und Venen sehr eng beieinander liegen. Während warmes Blut durch die Arterien in die Füße fließt und dabei von den benachbarten Venen heruntergekühlt wird, wird das kalte venöse Blut, das in den Körper zurückfließt von den Arterien wieder erwärmt.

doch das Futter ist weit. Ein neuerlicher langer Marsch steht an – zurück ans offene Meer, wo der Tisch reich gedeckt ist. Eine verantwortungsvolle Tour – wenn sie nicht rechtzeitig zurück sind, um ihr Kind nach dem Schlüpfen zu füttern, ist der Nachwuchs unweigerlich zum Hungertod verdammt. Also machen sie sich auf, eine neue Karawane, eine weitere Wanderung durch die Dämmerung über die weißen Weiten der Eiswüste zum Ozean, um sich die Bäuche vollzuschlagen. Meist im Gänsemarsch watscheln sie los, in kleinen oder größeren Verbänden, über den mächtigen Eispanzer, unter dem die ersehnte Nahrung schwimmt, aber eben nicht greifbar ist. Inzwischen erwarten die befrackten Herren der Schöpfung die herannahende antarktische Winternacht. Eine Herausforderung, der keine andere Spezies gewachsen wäre. Kaiserpinguine sind die einzige Tierart, die im Winter brütet, was mit dem kurzen Sommer zusammenhängt, der nicht ausreichen würde, den Nachwuchs großzukriegen.
Immer häufiger verdüstert sich nun der Himmel. Es wird nicht mehr hell. Eng zusammengedrängt stehen sie da, die werdenden Väter, und wärmen zwischen den oberseits extrem gut durchbluteten Füßen und dem (noch) vorhandenen Bauchspeck die Eier. Auf 37 °C Körpertemperatur müssen sie gehalten werden, die auch die Männer selbst brauchen; neben dem dichten, wasserabweisenden Gefieder und Fettpolstern macht dies eine Art Gegenstromanlage der Blutgefäße möglich.
Die Schultern der Männer sind hochgezogen, der Kopf nach vorne geneigt, die Augen oft geschlossen. Die Herren Pinguine frieren sichtlich. Zwei Monate in bitterster, klirrender Kälte stehen ihnen bevor. Bis zu –180 °C gefühlte Temperatur. Die Antarktis ist der kälteste Ort der Welt. Um dem eisigen Wind ein bisschen was entgegenzusetzen, bilden sie eine

dichte Traube. Die Vögel am äußeren Rand der Kolonie trifft es natürlich am härtesten. Der Sturm heult. Ganz weiß werden die schwarzen Rücken der Fräcke. Zeitweise steht alles reglos, dann wieder kommt Bewegung auf. Rotation der Plätze ist angesagt, damit jeder mal Windbrecher spielt und schließlich zum Aufwärmen in die Mitte vorrücken kann. Alles rührt sich dann, wenn auch wie in Zeitlupe, schüttelt den Schnee ab. Dabei kullern unweigerlich mehrere Eier von den Füßen – wieder ein paar Kinder weniger, die das Licht der Polarwelt erblicken werden.

Die Ladys haben es derweil einfacher. Sie sind ja ständig in Bewegung, schließlich haben sie ein lockendes Ziel vor Augen: Futter! Manchmal geht es leichter, wenn frau sich in die Horizontale begibt und ein Stück des Weges auf dem Bauch robbend vorwärts bewegt. Dann hat der Wind, der über die Ebene peitscht, weniger Angriffsfläche, und weniger Energie verbrauchen sie auch. Angelockt vom Duft des Ozeans respektive der darin lebenden Nahrung, kämpfen sie sich durch den Sturm bis zum ersten Wasserloch! Schollen treiben darauf, aber es ist offenes Meer, und fix tauchen sie hinein in den Suppentopf. Ganz in ihrem eigentlichen Element, fliegen sie, wie andere Vögel durch die Luft, durchs Wasser. An die 40 km/h erreichen die befrackten Seevögel, die ausschließlich im Meer jagen, in Tiefen von über 500 m. Bis zu 20 Minuten können sie unter Wasser bleiben. Während des Tauchens wird der Herzschlag der Tiere auf bis zu ein Fünftel des Normalwertes herabgesetzt, was den Sauerstoffverbrauch verringert.

Droben auf dem Eis, bis zu mehrere Hundert Kilometer entfernt, hungern derweil die werdenden Väter. Selbst trinken können sie nur, wenn die Wolken frischen Schnee gebracht haben. Dann stecken sie ihren Schnabel in die weiße Decke und nehmen eine Ladung voll. Sofort geht es aber in Trippelschritten rasch zurück zum Trupp. Ein Wall aus dunklen Rücken hält gegen den Sturm. Wie eine Mauer stehen sie da. Gemeinsamkeit macht bekanntlich stark. Und die allermeisten halten durch. Was ein echter Mann ist, trotzt schließlich allen Unbilden, selbst denen eines antarktischen Schneesturms!

Den Frack tragen die Pinguine übrigens weniger aus Eitelkeit als aus ganz pragmatischen Gründen: Der schwarze Rücken schützt sie vor den gierigen Blicken der Fressfeinde über ihnen. Der weiße Bauch macht sie unsichtbar für ihre Lieblingsbeute, die Fische.

Mitte Juli, im immer noch tiefsten Winter auf der Südhalbkugel, beginnt sich in den ersten Eiern etwas zu regen. Ein Loch entsteht, zunächst nur ein Riss in der Schale, der rasch größer wird. Ein winziges Schnäbelchen erscheint. Von Tag zu Tag schlüpfen jetzt mehr Jungpinguine in der Kolonie. Nun wird es allerhöchste Zeit, dass Mama wiederkommt und stärkende Nahrung bringt. Die Küken, auch wenn sie auf Papas Füßen und unter den gebeugten Körpern vor dem Schlimmsten bewahrt werden, brauchen ihre Mutter. Manchmal reicht väterlicher Schutz alleine eben nicht aus. Hungrige Rufe ertönen aus den halben Eierschalen. Besorgt blicken die Erzeuger abwechselnd hinab auf ihren Nachwuchs und gereckten Halses in die Ferne. Wird Mama es rechtzeitig schaffen?
Vier Monate striktes Fasten liegen hinter den Pinguinherren, bis zu einem Drittel ihres Körpergewichts haben sie verloren.

Per Nulldiät sozusagen. Ein Baby fiept hungrig und sperrt den Schnabel auf. Und tatsächlich kann Papa Pingu helfen: Trotz allem eigenen Hunger haben die Musterväter ein paar Bröckchen Nahrung zurückgehalten, die sie nun, in buchstäblich allerletzter Not, ihren Neugeborenen füttern. Wenn das keine Vaterliebe ist! Diese Krümel können den Tod des winzigen Flaumknäuels um ein paar Stunden aufschieben. Außerdem produzieren die männlichen Pinguine eine Art Kropfmilch, die in einer speziellen Drüse hergestellt wird und mit der die majestätischen Vögel den gröbsten Hunger der Winzlinge versorgen. Das macht sie zu den einzigen Vögeln, bei denen der Mann das Baby stillt!

Trifft der Zug der Damen dann endlich ein, setzt lautes Durcheinandergeschnäpper ein. Dabei hat jedes Pärchen seinen eigenen Erkennungsruf, jede Frau erkennt ihren Mann und ihr Kind, auch wenn sie dieses noch nie gesehen hat!

Allein am Klang der Stimme finden sie sich. Und der Ausflug hat sich gelohnt, rund 3 kg vorverdaute Nahrung bringt Mama vom großen Fischmarkt mit.
Die Fußballen hochgezogen, damit das Kleine ja nicht herunterrutscht, watscheln die Väter mit Trippelschritten ihren Frauen entgegen. Zwischen dem Bauchgefieder spitzt ein winziger Schnabel hervor. Ein neugieriges Gesichtchen erscheint, schwarze Kulleraugen mit einem breiten weißen Ring drumherum, ein dunkler Strich vom Schnabel über den Kopf bis in den Nacken, wo schon die ersten Frackansätze erkennbar sind. Haben sich die zwei stolzen Eltern schnäbelnd begrüßt, heißt es, den Nachwuchs zu übergeben. Wie zuvor das Ei, wird jetzt das Küken von Papas Füßen auf die der Mutter transferiert. Brust an Brust, Bauch an Bauch, Schnabel an Schnabel, Flügel an Flügel. Das Wuschelbaby darf schließlich nicht zu lange der eisigen Luft ausgesetzt sein.

Hockt der Kleine dann glücklich in Mamas Bauchfalte, verabschiedet sich der Herr Papa. Mit einem zärtlichen Schnabelgruß sagen die Väter Adieu und begeben sich nun ihrerseits auf den Marsch zum Meer, die letzte Wanderung in diesem Jahr, die für zahlreiche Pinguinherren auch die letzte überhaupt ist – viele sind nämlich von der aufopfernden Brutfürsorge derart ausgezehrt, dass sie nicht mehr die Kraft aufbringen, es bis zum Ozean zu schaffen.

Mit der Sonne werden auch die Jungpinguine immer kräftiger. Sie wachsen und gedeihen, gut genährt aus Mamas Schnabel, hocken aber nach wie vor in ihrem Federnest. Erst mit etwa drei Wochen wagen sich die Winzlinge zum ersten Mal auf eigenen Füßen aufs Eis. Zwar noch reichlich unbeholfen, watscheln sie voller Entdeckerfreude los und lassen sich den Wind der weiten Antarktiswelt um die Nase wehen.

Wird es zu kalt, ist ja immer Mama nah, auf deren Füßen ein warmes, sicheres Plätzchen wartet. Jetzt beginnt die Zeit des Lernens für die Kleinen. Unter anderem droht die erste Sturmtaufe. Am besten übersteht man sie dicht in Muttis Bauchgefieder gekuschelt, das genauso gut wärmt wie vorher das von Papa. Aber einige Küken fallen trotzdem der Kälte zum Opfer.

Manche Mütter verlieren über dem Verlust fast den Verstand. Eine dreht regelrecht durch, versucht einer anderen das Kind wegzunehmen. Richtiggehend brutal geht es zu, ein Zickenkrieg mit Tätlichkeiten – gut dass der Winzling zumindest schon groß genug ist, um nicht erdrückt zu werden! Kinderraub kommt bei Kaiserpinguinen, die ein Junges verloren haben, überraschend häufig vor. Französische Wissenschaftler vermuten, dass das mit einem ungewöhnlich hohen Spiegel des Elternhormons Prolaktin zusammenhängt, das für das Brutpflegeverhalten verantwortlich ist. Wird der Hormon-

spiegel bei den Vögeln künstlich gesenkt, kommt es nämlich sehr viel seltener zu Kindsentführungen.

Auf die ganze Aufregung hin fordert unser dem Kidnapping nur knapp entronnene Youngster fiepend etwas zum Futtern. Und dann steht schon der nächste eigenständige Ausflug an. Zusammen mit anderen Pinguinbabys watschelt man übers Eis. Immer unter Aufsicht einer »Kindergärtnerin«, versteht sich. Und wird es kalt im leichten Jugendfederkleid, schlüpft man entweder in die Bauchfalte unter Mamas Dauen oder kuschelt sich mit Gleichaltrigen zusammen. Die Plätze in der Mitte sind, wie im Winter bei den Vätern, natürlich am begehrtesten, wollen aber auch verteidigt sein. Ein gewisser Hickhack um die besten Standorte gehört aber bekanntlich zum Erwachsenwerden dazu.

Inzwischen sind die Kleinen auch schon unabhängig genug, dass Mama sie eine Weile allein lassen kann. Sie muss zum Meer, Nahrung tanken. Dafür wird Papa zurückerwartet,

frisch gestärkt. Wie beim letzten Mal Mutter und Kind, erkennen sich auch Vater und Stammhalter an der Stimme.
In der Gruppe ist es am sichersten für die Kleinen. Naht zum Beispiel auf mächtigen Schwingen ein Riesensturmvogel, einer der wenigen Fressfeinde hier im tiefen Süden, sind diejenigen Küken am besten geschützt, die in der Masse verschwinden. Viel einfacher ist es für den Räuber, eines der kleinen Wollpuschel zu greifen, die allein herumstehen. Er packt den Winzling im Nacken und versucht, damit davonzufliegen. Zappeln wie ein Weltmeister ist da die probateste Hilfe, mit ein bisschen Glück kommt das Baby noch einmal davon.
Inzwischen kehren die ersten Väter von ihrer Fressorgie zurück. Wie wandelnde Thermoskannen wirken sie, vor allem von vorne, wenn über dem glänzenden, weißen, jetzt wieder

gerundeten Korpus, mit den dunklen Zehen als Fuß, ein kleiner schwarzer Kopf thront. Frisch gestärkt und wohlgenährt watscheln sie auf die Kolonie zu. Das suchende Rufen bringt schon nach kurzer Zeit Vater und Kind zusammen. Das Futter, das Papa mitgebracht hat, wird sofort gierig eingefordert. Gerade dass sich das Kleine nicht verschluckt in seiner Gier.
Und bis zu 1 kg können Kaiserpinguine auf einen Schlag an ihren Nachwuchs weitergeben. Kein Wunder, dass die Youngster rasch wachsen und sich zu regelrechten Futtersäcken mit kleinem Kopf und großen Füßen entwickeln.
Völlig auf der Strecke geblieben ist die Zweisamkeit der Eltern – seit Wochen wechseln sie sich mit der Kinderbetreuung ab und sehen sich dabei immer höchstens für ein paar Stunden. Aber wenn die dreiköpfige Familie einmal vereint ist, schauen die beiden Erzeuger richtig stolz auf ihren Nachwuchs, der sich prächtig entwickelt hat.

Inzwischen bleibt es Tag und Nacht hell, und es beginnt zu tauen. Von den Eisbergen tropft Schmelzwasser. Das Packeis wird brüchig, der Boden unter den Pinguinfüßen beginnt zu wanken. Von jetzt ab müssen die Youngster ihr Schicksal allein bestreiten. Ihre Eltern setzen sich nämlich ganz eigennützig ab und wandern zurück zum Ozean, in Gruppen und Grüppchen, aber nicht mehr als Paar. Vorbei ist es mit der Zweisamkeit und der vielbeschworenen Monogamie.

Der Kindergarten macht sich ebenfalls auf den Weg. Sechs Monate alt sind die Küken inzwischen. Der Drang zum Ozean ist ihnen angeboren. Die nächsten Jahre verbringen sie im Meer. Erst mit drei bis sechs Jahren, wenn sie geschlechtsreif geworden sind, werden sie aufs Festland zurückkehren, um selber Vater bzw. Mutter zu werden.

Papa ist schwul

Das Beispiel des bekannten Volksmusiksängers Patrick Lindner hat es gezeigt: Für Homosexuelle ist es alles andere als einfach, Kinder zu adoptieren. Noch schwerer als ihre menschlichen Artgenossen haben es allerdings schwule Tiere mit ihrem Kinderwunsch. Aber wie heißt es so schön in einer bekannten Automobilwerbung: »Nichts ist unmöglich«, – und auch im Tierreich lässt sich der natürlich Drang, Nachwuchs aufzuziehen, mit einer homosexuellen Veranlagung durchaus vereinbaren – auch wenn es dazu gelegentlich fremder Hilfe bedarf.

Begonnen hatte alles mit Roy und Silo, die fast sechs Jahre lang die Attraktion des New Yorker Central Park Zoos waren.

Die beiden männlichen Kehlstreifpinguine verdankten ihre Berühmtheit der Tatsache, dass sie das weltweit erste bekannte schwule Pinguinpaar waren. Die kleinen Frackträger, die nach Aussagen ihrer Pfleger nahezu unzertrennlich waren, führten nicht nur einen gemeinsamen Haushalt, sondern schnäbelten und kuschelten ständig miteinander und verwöhnten sich gegenseitig mit kleinen (Fisch-)Präsenten.
Rein vom Äußeren her lässt sich nur sehr schwer beurteilen, ob man einen männlichen oder einen weiblichen Pinguin vor sich hat. Ein erster Verdacht, dass es sich bei den beiden Pinguinen nicht um ein »normales »Pinguinpaar« handelte, kam den New Yorker Tierpflegern, als sie beobachteten, dass beim Sex mal Silo und mal Roy oben war, ist es doch bei Pinguinen üblich, dass immer das Männchen bei der Paarung die obere und das Weibchen die untere Position einnimmt. Eine DNA-Analyse brachte dann Gewissheit: Roy und Silo waren »vom anderen Ufer«.
Die beiden schwer verliebten Pinguinherren bauten und bezogen sogar ein gemeinsames Nest und versuchten, sehr zum Erstaunen des Zoopersonals, mangels Ei verzweifelt einen eiförmigen Stein zu bebrüten. Nachdem sie eine Zeit beobachtet hatten, mit welcher geradezu steinerweichenden Hingabe sich Roy und Silo um einen Bruterfolg bemühten, machten die Pfleger der »Steinbrüterei« ein gnädiges Ende und schoben den beiden ein echtes Ei unter, das kurz zuvor von einem heterosexuellen Pinguinpaar im Stich gelassen worden war. Die beiden Pinguinmänner stürzten sich auch gleich Hals über Kopf ins Brutgeschäft, und tatsächlich schlüpfte nach der für Kehlsteifpinguine üblichen Brutzeit von 34 Tagen ein kleines Pinguinmädchen namens Tango, das von Roy und Silo adoptiert und an Kindesstatt aufgezogen wurde.

Nach Aussagen der Tierpfleger waren Roy und Silo vorbildliche Eltern und auch in Erziehungsfragen über jeden Zweifel erhaben. So bildeten Roy, Silo und Tango zwar eine eher außergewöhnliche Familie, jedoch offensichtlich auch eine sehr glückliche.

Roy und Silo waren bereits zuvor regelrechte Ikonen von Homosexuellenorganisationen in ganz Amerika, glaubte man doch mit den beiden Gay-Pinguinen endlich den Beweis dafür gefunden zuhaben, dass Homosexualität eine natürliche Verhaltensweise ist. Und mit der »Adoption« von Tango mutierten die beiden dann entgültig zu regelrechten Superstars. Hier war es: Ein schwules monogames Pärchen, das der ganzen Welt zeigte, dass man allen Widrigkeiten zum Trotz auch als Schwuler Vater werden kann.

Mittlerweile ist aus Tango eine junge selbstbewusste Pinguindame geworden, die interessanterweise mit einem weiblichen Pinguin namens Tazuni eine dauerhafte lesbische Beziehung einging, die bereits mehrere Brutsaisons überdauert hat.

Aber jede noch so schöne Liebesgeschichte hat ein Ende, und im Fall von Roy und Silo war es leider kein Happyend. Eine offensichtlich besonders heißblütige Pinguindame namens Scrappy, die frisch aus dem Sea-World-Park im sonnigen San Diego ins New Yorker Pinguingehege gezogen war, machte Silo derart schöne Augen, dass dieser nach immerhin sechs gleichgeschlechtlichen Ehejahren blitzartig »konvertierte« und damit zum weltweit ersten Ex-Homo-Pinguin mutierte. Mit dem schnöde verlassenen Roy trauerte ganz New York. Besonders groß war das Entsetzen allerdings in der New Yorker Schwulenszene, hatte man doch durch die »Bekehrung« von Silo ein wichtiges Symbol verloren.

Auch unter Geiern gibt es schwule Väter. So wurde beispielsweise der Bibel-Zoo von Jerusalem, der es sich zur Aufgabe gemacht hat, seinen Besuchern all die Tiere, die in der Bibel Erwähnung finden, zu präsentieren, von vielen Tierfreunden ausschließlich wegen der Bartgeier Daschik und Jehuda besucht. Bei den beiden Geiern handelte es sich um ein Bartgeierpärchen, das jahrelang in einer homosexuellen Beziehung lebte und auch noch ein Küken adoptiert hatte.

Daschik und Jehuda balzten ständig verliebt miteinander, hatten heißen Sex, würdigten die beiden Weibchen in ihrem Gehege keines Blickes und begannen – eben wie eine »richtige« Geierfamilie« – mit dem Bau eine Nestes. Eine gewaltige Aufgabe, wenn man bedenkt, dass so ein Geierhorst mit einer Breite von bis zu drei Metern und einer Höhe von bis zu zwei Metern wirklich gewaltige Ausmaße annehmen kann. Nachdem ihre Pfleger den beiden Homogeiern nach erfolgreichem Nestbau zunächst probeweise ein Holzei untergeschoben hatten, überließen sie den beiden dann ein fast schlupfreifes »echtes« Geierei, das von einem Heterogeierpärchen sträflich vernachlässigt worden war. Und tatsächlich stürzten sich die beiden Geierherren mit Feuereifer ins Brutgeschäft und umhegten später das geschlüpfte Geierküken genauso treusorgend wie ein »normales« Geierpaar. Nach Aussagen der Pfleger übernahm dabei Daschik mehr die Vaterrolle, kümmerte sich also verstärkt um das Futter, während Jehuda eher für traditionell weibliche Aufgaben wie die Auspolsterung des Nests verantwortlich war. Die Zoodirektion taufte das frisch geschlüpfte Geierküken wissenschaftlich nicht ganz folgerichtig auf den Namen »Diva« – zu Ehren des Siegertitels, mit dem die israelische transsexuelle Popsängerin »Dana International« 1998 den Eurovision Song Contest in Birmingham gewonnen hatte.

Homogeier ausgerechnet in einem Bibel-Zoo, das war natürlich ein starkes Stück. Bei den ultraorthodoxen Rabbinern stieß die gleichgeschlechtliche Geierbeziehung samt Kind auf äußerst wenig Gegenliebe, gilt bei den jüdischen Schriftgelehrten doch Homosexualität als schwere Versündigung an der göttlichen Ordnung. Am Horizont bahnte sich schon ein Zooverbot für die gefiederten Schwulen an, hatten die Rabbis doch bereits zuvor gleich den gesamten Zoo von Haifa für unkoscher erklärt, da die dort zu besichtigenden Schweine und Schlangen im streng alttestamentlichen Sinne als unrein gelten. Letztendlich löste sich die gleichgeschlechtliche Geierproblematik jedoch durch den Einzug eines Geierweibchens namens Beatrice in die Voliere in Wohlgefallen auf. Jehuda verliebte sich nämlich Hals über Kopf in die unter Geiergesichtspunkten wohl ziemlich attraktive Lady und verließ seinen langjährigen Gefährten. Dieser verfiel zwar zunächst in tiefste

Depressionen, orientierte sich jedoch nach einer kurzen, aber intensiven Trauerphase ebenfalls um und lebt heute glücklich mit einem Weibchen zusammen.

Homosexualität ist unter Bartgeiern, die, um es vorsichtig auszudrücken, sexuell gesehen als äußerst tolerant gelten, kein Thema. So sind die riesigen Greifvögel auch einer »ménage à trois« nicht abgeneigt: Rund ein Drittel der frei lebenden Bartgeierpartnerschaften besteht aus einem Trio, bei dem zwei Männchen und ein Weibchen nicht nur wild durcheinander miteinander Sex haben, sondern sich auch gemeinsam um Brutgeschäft und Aufzucht der Jungen kümmern.

Die Bereitschaft männlicher Bartgeier, das Brutgeschäft zu übernehmen, macht man sich bei der Zucht der gewaltigen Vögel, die mit gerade mal 225 bis 250 Brutpaaren zu den seltensten Greifvögeln Europas gehören, zu Nutze: Zunächst einmal setzt man in den Zuchtstationen überzählige Männchen in den Volieren einfach paarweise zusammen, worauf die Vögel meist unverzüglich eine gleichgeschlechtliche Beziehung eingehen. Bartgeier legen immer zwei Eier, ziehen aber nur das stärkere Küken auf. Nimmt man daher einem heterosexuellen Geierpärchen das »überzählige« Ei weg und schiebt es dem neugebildeten Homopärchen unter, beginnen die Männer unverzüglich mit dem Brutgeschäft und kümmern sich später gemeinsam um das Junge. So können erstaunlicherweise auch homosexuelle Beziehungen durchaus erfolgreich bei einem europäischen Zuchtprogramm eingesetzt werden.

Die beiden schwulen Flamingos Carlos und Fernando schreckten selbst vor kriminellen Handlungen nicht zurück, um sich den offenbar dringenden Wunsch nach einer Familie erfüllen zu können. Die beiden Flamingoherren, die in einem Vogelpark im Südwesten Englands zu Hause sind, betätigten sich dort nämlich mit schöner Regelmäßigkeit als Eierdiebe. Sie stahlen einfach Eier von ihren heterosexuellen Artgenossen und zogen die Küken als ihre eigenen auf. Die beiden erwiesen sich dabei stets als liebevolle Adoptiveltern, deren Brutpflege nur als vorbildlich bezeichnet werden kann. Carlos und Fernando lieferten sich mit den heterosexuellen Flamingos regelrechte Kämpfe um die Eier, die die beiden Homo-Flamingos jedoch meist recht schnell für sich entschieden – die körperliche Überlegenheit der beiden Männchen war einfach zu groß.

Zwei Papas für Tango

Die Geschichte von Ray und Silo und ihrer kleinen, jedoch nicht ganz alltäglichen Familie kann man in einem Kinderbuch mit dem Titel »Zwei Papas für Tango« nachlesen. Laut Kritik bietet das preisgekrönte und hübsch bebilderte Buch Kindern schon sehr früh die Möglichkeit, »andere Familienkonstellationen wahrzunehmen, kennenzulernen und zu akzeptieren«. Eben eine »Bilderbuchfamilie« der besonderen Art.

Um weitere Streitigkeiten im Flamingogehege zu verhindern, entwickelte das Zoopersonal eine ebenso geniale wie simple Strategie: Sie vertrauten dem schwulen Pärchen einfach ein Flamingoküken an, das zuvor von seinen Eltern verstoßen worden war. Dazu musste jedoch zunächst einmal eine flamingospezifische Eltern-Kind-Problematik gelöst werden: Flamingoeltern akzeptieren nämlich nur dann ein Kind, wenn sie bereits im Ei mit ihm kommunizieren können. Aber auch für dieses Problem fand sich eine Lösung: Die Zoomitarbeiter

»verpackten« das Küken einfach in eine gut erhaltene Eierschale und legte dem Schwulenpärchen das selbstgebastelte Ei ins Nest. Und die kleine Täuschung funktionierte: Carlos und Fernando akzeptierten das »Kuckucksei« sofort und bebrüteten die Mogelpackung so lange, bis das Flamingobaby ein zweites Mal schlüpfte. Die beiden Flamingoväter erwiesen sich abermals als stolze Pflegeeltern und kümmerten sich aufopferungsvoll um das Waisenkind.
Flamingomänner können Küken sogar vollständig ohne weibliche Hilfe aufziehen, da sie in der Lage sind, in ihrer Kehle eine Art »Muttermilch« zu produzieren. Diese sogenannte Kropfmilch, die mit einem Anteil von 9 Prozent Proteinen und 15 Prozent Fett eine ähnliche Konsistenz wie Säugetiermilch aufweist, wird bei Flamingos sowohl von Weibchen als auch von Männchen im oberen Verdauungstrakt erzeugt und direkt vom Schnabel des fütternden Elternteils in den des Küken abgegeben.

Homosexualität im Tierreich

Homosexualität ist im Tierreich keine Seltenheit. Gleichgeschlechtliche Neigungen wurden bisher bei über 1500 Tierarten nachgewiesen – Tendenz steigend. Schwule Väter hat man bisher vor allem vermehrt bei Vögeln festgestellt.

Nachwuchs entsteht bei homosexuellen Paaren meist bei Seitensprüngen. So gehen homosexuelle Pinguine, Schwäne, Enten, Gänse und Möwen einfach gelegentlich auch heterosexuelle Kontakte ein, um die aus dem Seitensprung entstandenen Eier mit dem gleichgeschlechtlichen Partner gemeinsam auszubrüten und den geschlüpften Nachwuchs aufzuziehen. So muss man sich trotz der homosexuellen Präferenzen einiger Individuen keine Sorgen um den Fortbestand der verschiedenen Arten machen.

Auch homosexuelle Paare der ursprünglich in Australien und Neuseeland beheimateten Trauerschwäne (rund sechs Prozent der Paare dieser Schwanenart bestehen aus Männchen) besorgen sich »ihre« Eier auf eine recht unfeine Art und Weise: So baut schonmal ein Männchen zusammen mit einem Weibchen ein Nest, verjagt dieses aber unmittelbar nach der Eiablage und brütet dann das Ei zusammen mit seinem Lebensgefährten aus. Andere schwule Schwanenpaare kapern regelrecht die Nester heterosexueller Eltern und reißen sich die Eier in einer Art »gewaltsamer Adoption« unter den Nagel. Interessanterweise ist der Bruterfolg bei homosexuellen Tauerschwanpaaren höher als bei heterosexuellen Paaren.
Dies hängt wahrscheinlich mit der Tatsache zusammen, dass sich die gleichgeschlechtlichen Partner dieser meist koloniebrütenden Wasservögel dank körperlicher Überlegenheit stets die besten Nistplätze sichern.
Im Zoo von Overloon im Osten der Niederlande hat nicht nur gleich die Hälfte der zwölf Störche gleichgeschlechtliche Neigungen, sondern kümmert sich auch um den Nachwuchs: Zwei schwule und ein lesbisches Storchenpaar bebrüteten im Jahr 2006 insgesamt vier Storcheneier und zogen anschließend den frisch geschlüpften Nachwuchs auf. Die Schwulenpärchen hatten dabei »ihre« Eier einfach brütenden Weibchen gestohlen. Die Lesben mussten sich dagegen nicht in fremden Gelegen bedienen, hier wurde der Kinderwunsch offensichtlich bei einem Seitensprung durch Samenspende eines männlichen Storches erfüllt.
Zu einer artübergreifenden homosexuellen (Adoptiv-)Vaterschaft kam es Mitte der 1990er-Jahre im Zoo von Osnabrück. Hier lebten die beiden Störche Holger und Edgar 16 Jahre lang glücklich in einer festen gleichgeschlechtlichen Partnerschaft im gemeinsamen Nest und waren eine der Attraktionen

des Tierparks. Einer breiteren Öffentlichkeit bekannt wurden die beiden Homo-Störche jedoch durch eine Pflegeelternschaft der ganz besonderen Art: Als die Tierpfleger des Zoos nämlich den beiden ein von seinen leiblichen Eltern im Stich gelassenes Pinguinei unterschoben, erwiesen sich die beiden Storchenherren vom anderen Ufer als vorbildliches Elternpaar. Sie bebrüteten das Ei 14 Tage lang abwechselnd bis zum freudigen Ereignis, und auch die Brutpflege der außergewöhnlichen Eltern war nach Aussage der Zoodirektion über jeden Zweifel erhaben. Leider fand diese Adoptionsgeschichte kein Happy-End: Holger wurde 1996 von einem Fuchs getötet. Edgar trauerte über ein Jahr um den dahingemeuchelten Lover, tröstete sich dann allerdings mit dem vom Zoo neu erworbenen Storch Norbert, mit dem er fortan eine glückliche Beziehung führte und auch ein gemeinsames Nest baute.

Der Vater mit dem Thermometer im Schnabel

Thermometerhühner, die im Südwesten und Süden Australiens in den halbtrockenen Eukalyptus-Buschgebieten leben, halten nichts davon, ihre Eier selbst auszubrüten. Die nötige Brutwärme zu erzeugen, überlassen die zu den Großfußhühnern gehörenden, etwa 55 cm großen Vögel lieber der Sonne und chemischen Gärungsprozessen. Die Tiere legen nämlich ihre Eier in zuvor über Monate in mühevoller Kleinarbeit aus Reisig, Blättern und Rinde errichtete Bruthügel ab, in denen Verrottungsprozesse und Sonnenwärme für die nötige Temperatur sorgen. Konstruktion und Bau dieser Bruthügel sowie die nötigen Instandsetzungsmaßnahmen sind beim Thermometerhuhn fast ausschließlich Männersache. Mit den Bauarbeiten für den Bruthügel beginnt das Thermometerhuhnmännchen bereits im Südwinter. Zunächst einmal gräbt der zukünftige Vater mit Krallen und Schnabel eine rund 3 m breite und etwa 1 m tiefe Grube aus, die er dann mit in der näheren Umgebung gesammeltem Pflanzenmaterial auffüllt. Sobald dann der spärliche Winterregen für genügend Feuchtigkeit in der Grube gesorgt hat, bedeckt der Hahn das angefeuchtete Laub mit einer Decke aus Sand, sodass nach insgesamt vier Monaten harter Arbeit ein für einen so kleinen Vogel äußerst beeindruckender, bis zu 1,5 m hoher und bis zu 4,5 m breiter Bruthügel entstanden ist. Im Frühling lädt der Hahn, der zuvor jeden potenziellen Störenfried – und das schließt die Henne mit ein – erbarmungslos von seinem Hügel vertrieben hat, das Weibchen dann zur Eiablage ein. Die Henne legt dann in etwa wöchentlichem Abstand insgesamt etwa 20 bis 30 wahrhaft gigantische Eier, die bei einem Gewicht von 200 g fast ein Zehntel des

Körpergewichts des gesamten Huhns auf die Waage bringen. Die Eier werden jeweils einzeln in vom Hahn höchstpersönlich gegrabene Löcher gelegt, die er unmittelbar danach wieder mit Laub und Sand bedeckt.
Bei schlechtem Wetter, wenn ein Öffnen des Hügels ein unkalkulierbares Risiko für die bereits gelegten Eier darstellen würde, verweigert der Hahn übrigens dem Weibchen stets ganz konsequent die Eiablage.
Die Arbeit am Hügel bleibt jedoch auch noch nach der Eiablage ein Fulltimejob für den werdenden Vater, denn jetzt gilt es, durch geschicktes Baumanagement die Temperatur im Bruthügel konstant auf idealen 33 °C zu halten, unabhängig von den Temperaturen, die durch die Gärungsvorgänge im Haufen oder aber das Wetter in der Umgebung verursacht werden. Dazu prüft der Hahn monatelang Tag und Nacht mit einem speziellen Thermosinnesorgan im Schnabelbereich die Temperatur an unterschiedlichen Stellen im Bruthaufen und reguliert dann entsprechend je nach Bedarf die Bruttemperatur, indem er entweder Bodenmaterial hinzufügt oder aber entfernt.

So gräbt der fleißige Baumeister im Frühjahr, wenn die Gärungsprozesse am heftigsten sind, ständig kleine Löcher in die Sandecke, damit die überschüssige Gärungswärme entweichen kann. Im australischen Sommer dagegen, wenn das Thermometer auf 40 °C und mehr klettert, muss er das Gelege mit einer zusätzlichen Sandschicht vor allzu großer Erwärmung schützen. Für den Herbst, wenn die Temperaturen zurückgehen, hat der Hahn dann eine raffinierte Doppelstrategie entwickelt: Tagsüber verflacht er den Haufen und belässt nur eine dünne Sandschicht über dem Hügel, damit die Sonne die Eier erwärmen kann, gegen Abend dagegen überschüttet er das Gelege mit dem tagsüber aufgeheizten Sand, um es vor der nächtlichen Kühle zu schützen. Nach rund 60 Tagen Brutzeit schlüpfen im März die kleinen Ther-

Das Biothermometer

Australische Wissenschaftler haben vor Kurzem untersucht, wie genau der Wärmesensor im Schnabel arbeitet. Die Forscher nutzten eine kurze Abwesenheit des Hahns und bauten heimlich eine an einen Generator angeschlossene Heizspirale nebst Wärmemessfühler in den Bruthügel ein, mit deren Hilfe sie die Temperatur nach Belieben manipulieren und dadurch beobachten konnten, wie der Hahn mit Hilfe von unterschiedlichen »Baumaßnahmen« auf die künstlich erzeugten Temperaturen reagierte, um die bevorzugte 33 °C-Temperatur im Hügel wiederherzustellen. Dabei zeigte sich, dass es sich beim Schnabelsensor des Hahns um ein Biothermometer der Extraklasse handelt, konnte der Hahn damit doch sogar Temperaturunterschiede von 0,5 °C. registrieren. Wie das Schnabelthermometer genau funktioniert, konnte allerdings bis heute noch nicht herausgefunden werden.

mometerhuhnküken und buddeln sich in einem mühseligen Prozess, der oft mehrere Stunden dauert, durch die diversen Reisig-, Laub- und Sandschichten an die Oberfläche, um dort im nächsten Gebüsch Deckung zu suchen. Der stolze Vater kümmert sich ab sofort nicht mehr um die Küken, für deren wohltemperierte Entwicklung er doch monatelang fast rund um die Uhr so eifrig geschuftet hat. Und das ist auch überhaupt nicht nötig, denn die jungen Thermometerhühner können sich bereits am ersten Tag ihres Lebens selbstständig ernähren und sogar, obwohl noch nicht alle Federn ausgebildet sind, kurze Strecken im Flug zurücklegen.

Erst jetzt, nach nahezu 10 Monaten Schufterei am Bruthügel, in denen der kleine Vogel mehrere Tonnen Material hin und hergeschoben hat, gönnt sich der Hahn eine kurze, aber sicherlich verdiente Winterpause, bevor die Hügelplackerei im Mai wieder von vorne beginnt. Aber harte Arbeit ist der Thermometermann ja gewohnt.

Väter, die ihre Kinder nie kennenlernen

Die zur Familie der Raubbeutler gehörende Braune Breitfußbeutelmaus, die im Osten und Südosten Australiens weit verbreitet ist, führt eigentlich ein recht unauffälliges Leben. Aber wehe, wenn die Paarungszeit der kleinen Beuteltiere anbricht. Dann wird das Männchen zu einem regelrechten Sexmonster, das sein zügelloses Vergnügen stets mit dem Leben bezahlen muss, das es jedoch oftmals – welcher Mann

wünscht sich das nicht? – in den Pfoten seiner Geliebten aushauchen darf. Aber vielleicht erst einmal der Reihe nach:
Braune Breitfußbeutelmäuse sind Einzelgänger, bei denen die Geschlechter nur während der Paarungszeit im August zueinander finden. In dieser Zeit treffen sich die kleinen Beuteltiere jedoch gleich in ganzen Rudeln zur Paarung.
Breifußbeutelmäuse leben polygam, wobei die Männchen versuchen, mit so vielen Weibchen wie möglich Sex zu haben. Hat sich ein Pärchen gefunden, kommt es dann zu einem regelrechten Begattungsmarathon. 12 Stunden Dauersex sind da durchaus möglich. Und Sex bis zur völligen Erschöpfung der Männchen ist bei Breitfußbeutelmäusen eher die Regel als die Ausnahme. Für diese Fortpflanzungsorgien zahlen die Beutelmausmänner jedoch einen hohen Preis. Unter den Beutelmausherren kommt es nämlich zu äußerst heftigen Rivalitäten, und durch den Konkurrenzdruck und die gewaltigen Anstrengungen, die ihnen ihr ausschweifendes Sexualleben abverlangt, sind die Männchen einem tödlichen Stress ausgesetzt.
Der Stress während der Paarungszeit setzt nämlich eine für die Beutelmausmänner verhängnisvolle hormonelle Kettenreaktion in Gang: Zunächst kommt es zu einer Überproduktion an Kortikosteroiden. Kortikosteroide sind Hormone, die in der Nebennierenrinde gebildet werden und die als sogenannte Stresshormone gelten. Der Kortikosteroidspiegel wird normalerweise durch kortikoidbindende globuläre Proteine reguliert. Unglücklicherweise ist jedoch während der Paarungszeit auch der Androgenspiegel stark erhöht. Das führt wiederum dazu, dass der Pegel an kortikoidbindenden globulären Proteinen stark gesenkt wird, sodass diese nicht mehr in der Lage sind, den Kortikoidspiegel zu steuern. Dadurch wird der Körper mit Stresshormonen überflutet, deren immunosuppressive Wirkung letztendlich zum Tode

führt, da bedingt durch die reduzierte Bildung von Antikörpern und das Ausbleiben entzündungshemmender Reaktionen das Immunsystem völlig zusammenbricht, wodurch Krankheitserreger jeglicher Art nicht mehr abgewehrt werden können und alle Männchen innerhalb weniger Tage das Zeitliche segnen. Kein Wunder, dass die Lebenserwartung der Männchen in der freien Natur gerade mal bei einem Jahr liegt, während die Weibchen locker drei- bis fünfmal so alt werden. In Menschenobhut erreichen die Männchen – allerdings aus verständlichen Gründen eine Kastration vorausgesetzt – ein ebenso hohes Alter wie ihre Gemahlinnen.
Das nahezu synchrone Sterben der Männchen hat übrigens zur Folge, dass die Breitmauspopulation unmittelbar nach der Paarungszeit ausschließlich aus Weibchen besteht.
Die Weibchen bringen dann nach einer Tragezeit von rund 30 Tagen bis zu fünf Junge zur Welt, die aus genannten Gründen ihren Vater niemals kennenlernen.

DAS EIGENE LEBEN OPFERN, UM GANZ SICHER VATER ZU WERDEN

Wie bereits mehrfach angeführt, wollen im Tierreich Männer nur das eine: ihre Gene weitergeben, und das oft um jeden Preis. Die Männchen einiger Spinnenarten sind sogar bereit, ihr eigenes Leben zu opfern, nur um die Chancen zu erhöhen, das eigene Erbgut in Sachen Nachkommenschaft durchzudrücken.

So bietet sich das Männchen der Rotrückenspinne, der bei Menschen wegen ihres gefährlichen Giftbisses so gefürchteten Version der australischen Schwarzen Witwe, dem viel größeren Weibchen schon während der Paarung regelrecht zum Verzehr an und ist sich dabei auch für spektakuläre Turnübungen nicht zu schade: Aus einer Art Kopfstand heraus platziert

das Männchen nämlich mittels »Handstandüberschlag« seinen Hinterleib in äußerst verlockendender Weise direkt vor den Kiefertastern des Weibchens. Solch einem Angebot zu einem »Dinner for one« kann das Weibchen dann natürlich beim besten Willen nicht widerstehen, sondern beißt mit seinen mächtigen Kiefernklauen herzhaft zu. Bequemer kann einem ja solch ein Leckerbissen ja nun wirklich nicht serviert werden. Und nachdem das Weibchen, wie bei Spinnen üblich, Verdauungsenzyme in die Wunde injiziert hat, beginnt es dann sofort damit, seinen Sexualpartner bei lebendigem Leibe genüsslich aufzuschlürfen.

Diese spezielle Form der Verdauung wird von Biologen übrigens als »extraintestinal«, also außerhalb des Verdauungstraktes bezeichnet. Das Männchen erträgt die Qualen dieser Tortur aus evolutionsbiologischen Gründen mit stoischer Ruhe. Weiß der angeknabberte Liebhaber doch, dass er, je länger er bereit ist durchzuhalten, umso mehr Sperma übertragen kann. Und desto größer sind damit auch seine Chancen, Vater zu werden.

Aber um dieses Ziel auch wirklich sicher zu erreichen, muss der so arg strapazierte Spinnenmann noch ein weiteres Hindernis überwinden: Die Weibchen besitzen nämlich gleich zwei Behältnisse zur Aufbewahrung von Samen, sogenannte Spermatheken, die nacheinander befüllt werden können. Ein Männchen muss daher bei der Dame seines Herzens zweimal zum Zuge kommen, um zu gewährleisten, dass später für sexhungrige Konkurrenten keine »Spermienspeicherkapazität« mehr vorhanden ist. Um diesem fortpflanzungsbiologisch wichtigen Ziel deutlich näher zu kommen, haben sich die so opferbereiten Rotrückenspinnenmännchen einen genialen, aber sicherlich auch sehr schmerzhaften Trick einfallen lassen: Bereits vor der Paarung schnüren die todesmutigen Herren mit Hilfe ihrer starken Bauchmuskulatur ihren Hinterleib so ein, dass lebenswichtige Organe quasi von hinten nach vorne geschoben und damit dem Biss der hungrigen Weibchen entzogen werden. So halten sich die Verletzungen des Männchens in Grenzen, und ihm eröffnet sich dadurch die Chance für eine zweite Kopulation, die für die sichere Weitergabe des Erbguts so wichtig ist.

In einigen Fällen wurde übrigens beobachtet, dass Rotrückenspinnenweibchen nach dem Verzehr ihres Liebhabers weitere Verehrer rüde abwiesen. Liebe geht eben offensichtlich doch durch den Magen.

Bei der Goldwespenspinne braucht das Weibchen nicht einmal selbst zuzubeißen, denn die Männchen dieser in Nordamerika vorkommenden Spinnenart fallen nur wenige Sekunden, nachdem sie ihre Spermien in den Befruchtungsgang der Weibchen übertragen haben, einem Herzschlag zum Opfer und brechen tot zusammen.

Amerikanische Wissenschaftler haben herausgefunden, dass der Herztod der Spinnenmänner nicht etwa auf zu heftige Kopulationsanstrengungen zurückzuführen ist, sondern genetisch programmiert ist und das ureigenste Interesse des Männchens, nämlich das Weiterkommen seiner Gene, noch über den Tod hinaus sichern soll. Denn quasi mit dem letzten Atemzug blockiert das jäh dahingeraffte Männchen die weibliche Genitalöffnung und verhindert so als »Ganzkörperkeuschheitsgürtel«, dass keine am Netzrand lauernden Konkurrenten so ohne Weiteres bei der Dame ihres Herzens zum Zuge kommen. So konnten die Wissenschaftler beobachten, dass es den herbeieilenden anderen sexhungrigen Männchen nur in drei von elf Fällen überhaupt gelang, den toten Körper des dahingeschiedenen Konkurrenten zu entfernen.

So gewinnen durch den »Opfertod« des Männchens in den allermeisten Fällen die eigenen Spermien einen uneinhol-

baren Zeitvorsprung gegenüber später kommenden Konkurrenten, und die Chancen auf eine Vaterschaft des Dahingeschiedenen werden drastisch erhöht.
Ein deutsch-kanadisches Forscherteam ist vor Kurzen den genauen Mechanismen des Freitods auf die Spur gekommen: Beim Sex kriechen die deutlich kleineren Männchen zunächst unter das Weibchen und stecken ihnen ihre mit Spermien gefüllten Kiefertaster, die sogenannten Pedipalpen, die bei Webspinnen die Funktion eines Penis übernehmen, in die Geschlechtsöffnung. Die Einführung des zweiten Tasters löst dann offensichtlich physiologische Prozesse aus, die unmittelbar zum Tod führen, denn die Männchen verfallen innerhalb weniger Sekunden in eine Art Totenstellung mit angezogenen Beinen, und rund 15 Minuten später hat dann das Herz bereits aufgehört zu schlagen.

Eigentlich kein übler Tod, denn glaubt man einer Umfrage eines bekannten amerikanischen Männermagazins, würden die meisten Männer einen Tod durch Herzschlag unmittelbar nach dem Sex mit einer schönen Frau jeder anderen Todesart vorziehen.
Dass die Goldwespenspinnen-Weibchen in diesem Fall nichts mit dem Tod ihres Liebhabers zu tun haben, konnten amerikanische Wissenschaftler bei einem wohl etwas zu liebestrunkenen Männchen beobachten, das sich in der Wahl seiner Partnerin kräftig vergriffen hatte und versuchte, statt einer gutaussehenden Spinnendame den Kadaver eines Mehlwurms, der sich im Spinnennetz verfangen hatte, zu begatten. Und siehe da: Kaum hatte das fehlgeleitete Männchen seinen zweiten Taster in die Leiche eingeführt, wurde es auch schon dahingerafft. Ein Weibchen war bei diesem Todesfall noch nicht einmal in der Nähe.

Der gemeuchelte Vater

Männer – in der Welt der Bienen und Imker Drohnen genannt – führen im ansonsten doch weiblich dominierten Bienenstaat auf den ersten Blick ein beneidenswertes Leben: Arbeit ist für sie ein Fremdwort. Den sprichwörtlichen Fleiß der emsigen Bienen sucht man bei ihnen vergebens. Und eigentlich sind sie auch zu nichts nutze. Obwohl deutlich größer und mit wesentlich leistungsfähigeren Augen ausgestattet als eine Arbeiterin, sind die Bienenherren weder zum Nahrungssammeln noch zur Brutpflege oder gar der Stockverteidigung befähigt. Ohne die Versorgung durch die Arbeiterinnen würden sie innerhalb kürzester Zeit zugrunde gehen. Als dick, faul und gefräßig waren sie sowieso von jeher verschrien. So schrieb schon der Dichter und Hobbyimker Wilhelm Busch äußerst treffend über sie: »Und nur die alten Brummeldrohnen / gefräßig, dick und faul und dumm / die ganz umsonst im Hause wohnen / faulenzen noch im Bett herum.«

Im Frühsommer ist es jedoch vorbei mit dem Faulenzerleben, denn jetzt begibt sich die junge Bienenkönigin, »ermutigt« von Bissen ihrer Arbeiterinnen, auf ihren ersten und zugleich letzten Hochzeitsflug. Und die 500 bis 1200 Drohnen, die ein Bienenvolk zur Schwarmzeit beherbergt, folgen ihrer Königin in einem geradezu liebestollen Taumel in die Lüfte, um endlich den Zweck ihres Daseins zu erfüllen: die Begattung der Königin. Hier kommen den Herren, deren mächtiger walzenförmiger Hinterleib fast nur aus den mächtigen Hoden mit bis zu 10 Millionen Spermien besteht, ihr ausgezeichnetes Sehvermögen und ihre guten Flugkünste zustatten, denn die Begattung stellt akrobatische Herausforderungen an die Geschlechtspartner – findet der Paarungsakt doch hoch in der Luft statt. Die Königin gibt sich hintereinander etwa 15 bis 20 Liebhabern hin, der große Rest der Verehrer geht jedoch leer aus. Die erfolgreichen Drohnen, das heißt die Väter in spe, müssen ihr Liebesglück übrigens immer mit dem Leben bezahlen, denn nach der Begattung kann sich der Drohn nur durch das Ausreißen seiner Geschlechtsorgane von der Königin trennen, da sein Penis fest in der Königin verhakt ist, und das hat tödliche Folgen.

Ein geübter Imker kann übrigens anhand der Zahl der abgerissenen Penisse in der Scheide der Königin leicht die Anzahl der Begattungen und damit den Fortpflanzungserfolg regelrecht »ablesen«.

Wie eine Drohne entsteht

Eine Besonderheit im Bienenstaat stellt die Entstehung der Drohnen dar. Ihre Majestät die Königin kann nämlich entscheiden, ob sich aus ihren Eiern weibliche oder männliche Bienen entwickeln werden: Öffnet sie beim Durchgang der Eier durch den Eileiter ihre Samentasche, wird das Ei befruchtet und es entsteht ein Weibchen. Bleibt die Samentasche jedoch verschlossen und es findet keine Besamung statt, entsteht durch eine sogenannte Jungfernzeugung ein Männchen – also eine Drohne.

Da sich die Königin stets mit mehreren Drohnen paart, sind die weiblichen Bienen eines Bienenvolkes alle Halbschwestern.

Ob aus einem befruchteten Ei eine einfache Arbeiterin oder eine Königin heranwächst, ist jedoch keine Frage der Geburt, sondern wird ausschließlich durch die Ernährung der Larven bestimmt: Nur wenn eine Larve in weit größerem Maße als die Arbeiterinnenlarven von den sogenannten Ammenbienen mit dem speziellen Futtersaft Gelée Royale gepäppelt wird, kann sie sich zur Königin entwickeln.

Die Königin speichert die Spermien, die sie von ihren diversen Liebhabern während dieser äußerst intensiven Begattungsphase aufnimmt, in einer speziellen Samenblase. Der Samenvorrat (bis zu 10 Millionen Spermien) ist dabei meist so groß, dass er für die gesamte Lebenszeit der Königin, im Schnitt drei bis maximal fünf Jahre, ausreicht.
Mit Beginn des Hochsommers gehen dann auch die unbeschwerten Tage der nicht zum Zuge gekommenen Drohnen ihrem jähen Ende entgegen. Die Nahrung wird in dieser Jahreszeit für die Bienen deutlich knapper, und im straff organisierten Bienenstaat ist kein Platz mehr da für unnütze Esser. Zunächst einmal wird den für das Überleben des Bienenvolkes nunmehr überflüssig gewordenen Herren der Zugang zu den Futterplätzen verwehrt. Letztlich kommt es dann zu einem regelrechten »Bienenstockkehraus«, der sogenannten Drohnenschlacht, bei der die noch vor wenigen Tagen so sorgsam gefütterten Drohnen von den wehrhaften Arbeitsbienen unerbittlich aus dem

Stille Revolte

Ist ein Bienenvolk mit seiner Königin nicht mehr zufrieden, weil sie die geforderte Legeleistung nicht mehr vollbringt, kann es zu einem Austausch der Herrscherin kommen, den man in der Fachsprache als »Stille Umweiselung« bezeichnet. Ohne das Zutun des Imkers werden von den Bienen einige wenige Weiselzellen angesetzt und optimal in Pflege genommen. Nach dem Schlüpfen der jungen Königin und deren Begattung ist sie zur Machtübernahme bereit. Es wurde jedoch beobachtet, dass alte und neue Regentin manchmal beide noch eine Weile Eier legen, bis schließlich die junge Königin die Alleinherrschaft übernimmt.

Stock geworfen werden. Heimkehrende Drohnen werden erst gar nicht mehr eingelassen. Dies hat zur Folge, dass die so schnöde rausgeworfenen Bienenherren aufgrund des anhaltenden Nahrungsmangels nicht nur so geschwächt werden, dass sie ihre Flugfähigkeit einbüßen, sondern nach und nach einfach verhungern, da sie ja, wie bereits erwähnt, im Gegensatz zu den Arbeiterinnen nicht die Fähigkeit besitzen, Nahrung wie etwa Pollen oder Nektar zu sammeln. Und auch die noch vorhandene Drohnenbrut wird unbarmherzig aus dem Stock befördert. Die meist schon hungersschwachen Drohnen können sich trotz überlegener Größe mangels Stachel gegen die Arbeiterinnen nicht zur Wehr setzen.

Im Gegensatz zu einem sich hartnäckig haltenden Volksglauben setzen die Arbeiterinnen übrigens nur sehr selten ihren Stachel ein, um die Männer regelrecht abzustechen.

Oft kann man dann auch beobachten, dass hinausgeworfene Drohnen bei anderen Bienenvölkern um Einlass betteln. Die hilflosen Männer werden jedoch von den Wächterbienen erbarmungslos abgewiesen.

Die Drohnenschlacht dauert meist mehrere Wochen an und endet mit dem Tod der letzten Drohne.

Harems – mehr Frust als Lust?

Der Begriff Harem ist vor allem aus dem Orient bekannt. Wir denken an Geschichten wie die in »Tausend und eine Nacht« und sehen verführerische, leichtgewandete Frauen vor uns, die den lieben langen Tag nichts anderes zu tun haben als sich zu pflegen und schön zu machen, um ihrem Herrn und Meister bei Bedarf zu Liebesdiensten aller Art zur Verfügung zu stehen. Im Gegenzug finanziert der Pascha sämtliche Lebenshaltungs- und Luxuskosten. Das ist im Tierreich, wo dieses

Wort wissenschaftlichen Charakter hat, nicht wesentlich anders. Natürlich kann der Rudelchef auch in solchen, polygamen Verbänden nach Lust und Laune Sex mit jedem beliebigen seiner Weibchen haben, aber dafür muss er auch etwas tun – und das artet leicht in Stress aus. Statt nur für das Glück einer einzigen Partnerin sorgen zu müssen, gilt es schließlich, gleich mehrere Damen bei Laune zu halten und gleichzeitig »Frauenraub« durch (in der Regel jüngere) Konkurrenten zu verhindern. Und dann muss er auch noch ein wachsames Auge darauf haben, dass nicht ein anderer, stürmischer Junglover aus der eigenen Gruppe sich mal kurz mit einer der hübschen Ladys ins Gebüsch schlägt und ihm zwar die Arbeit

Bei den Alten Ägyptern wurde der für die sexuellen Fähigkeiten im Jenseits zuständige Gott Babi als Pavian dargestellt.

überlässt, aber sein eigenes Erbgut weitergibt. Kein Zuckerschlecken also, fürwahr!

Allgemein unterscheidet man in der Zoologie zwischen dauerhaften Harems (Löwen und Paviane etwa) und anderen, bei denen (wie etwa dem Hirsch und den Robben) die Herren der Schöpfung nur zur Paarungs- und Fortpflanzungszeit eine Gruppe von Frauen um sich scharen und den Rest des Jahres solo oder in reinen Männerverbänden leben. Und – welch grauenvolle Vorstellung für jeden echten Mann mit Machofeelings! – es gibt sogar Fälle, bei denen eine Frau mehrere Lover um sich sammelt und diese als männlichen Harem hält (vgl. S. 130 ff.); Polyandrie (Vielmännerei) heißt das in Fachkreisen.

Besonders bekannt ist die Haremshaltung von den Löwen, wo ein Rudelchef mit mehreren Gefährtinnen zusammenlebt, die er, das Bild vom faulen Pascha scheinbar bestätigend, auch noch für sich auf die Jagd gehen lässt. Der Wermutstropfen dabei: Das Vergnügen währt nicht lange. Höchstens ein paar Jahre ist selbst der König der Tiere dem Dauerstress gewachsen, seine Ladys gegen Usurpatoren zu verteidigen. Und wenn ihm dann einer das Zepter aus den Pranken nimmt, muss er auch noch zusehen, wie der Nachfolger seine sämtlichen Kinder des letzten Wurfs killt – damit die Mädels wieder paarungsbereit werden und der Neue seine Gene durchbringt. Ein Leben im Frauenluxus hat eben seinen Preis!
Nicht viel, aber doch ein wenig anders sieht die Sache bei den Pavianen aus. Bei diesen fast über ganz Afrika verbreiteten Primaten unterscheiden sich Männchen und Weibchen ganz

erheblich in der Körpergröße. Die Männer bringen fast das doppelte Gewicht auf die Waage, und bei manchen Arten kommen auch Eckzähne und Mähnenwachstum vor. Beiden Geschlechtern gemeinsam ist dagegen die lange, hundeähnliche Schnauze sowie die Tatsache, dass sie ein unbehaartes Gesäß haben. Bei den Weibchen schwillt dieses während der fruchtbaren Phase deutlich an und verfärbt sich zu einem leuchtenden Rot. Paviane leben in Gruppen zwischen fünf und bis zu 250 Tieren, wobei man zwei unterschiedliche Formen findet: gemischte Gruppen, in denen mehrere Männer mit vielen Frauen zusammenleben und auch jeder mit jeder kopulieren kann, und dann eben die Harems- oder Einmanngruppen, bei denen sich ein einzelner Mann mit mehreren Holden umgibt. Hier führt und bewacht der Pascha seine Damen eifersüchtig, und falls ein Rivale zu frech wird, kommt es zu erbitterten Kämpfen. Die Initiative zum Sex geht aber immer von den Frauen aus, die dem Auserwählten ihr geschwollenes Hinterteil vor die Nase halten. Durchschnittlich alle zwei Jahre setzt eine Pavianin ein einzelnes, rund 1 kg schweres Affenbaby in die Welt. Bei den Harems ist die Kinderbetreuung fast ausschließlich Frauensache, während sich bei den gemischten Gruppen auch die Männer des Nachwuchses annehmen, den Jungtieren Nahrung besorgen und hingebungsvoll mit ihnen spielen. Dahinter steckt freilich auch nichts anderes als schiere Berechnung: Schließlich könnte er ja der Vater und der Youngster insofern sein Erbgutträger sein.
Eine interessante Variation der Haremshaltung findet man bei den Blutbrust- oder Dschelada-Pavianen, die in Äthiopien zu Hause sind. Hier hält sich der Pascha mit meist nur vier bis fünf Frauen auf den ersten Blick recht bescheiden zurück. Schaut man genauer hin, wird allerdings schnell klar, warum sich diese Männer nicht noch mehr Weiblichkeiten antun: Sie

sind nämlich nur nach außen hin die Herren im Haus. Im Grunde herrscht Basisdemokratie, denn es sind die Haremsdamen, die über den Familienvater entscheiden. Tritt ein Rivale auf den Plan, der den Weiblichkeiten besser gefällt, wird er schlicht und einfach abgewählt (siehe Kasten) und der neue Mann zum Häuptling gekürt. Der bisherige Chef rückt auf der Hierarchieleiter nach unten und mutiert sozusagen zum Opa, indem er die Aufsicht über den Kindergarten erhält und sich hingebungsvoll der Erziehung des Nachwuchses wid-

Grimassenkrieg

Bevor ein Blutbrustpavian Vater werden kann, muss er sich als Boss bewähren. Ihre Rivalenkämpfe fechten diese Affen allerdings im Regelfall nicht mit Zähnen oder Klauen aus, sondern mittels Fratzenschneiden: Bei dem Duell zwischen Herausforderer und altem Pascha gewinnt der, der die beeindruckendsten Grimassen zieht. Jury sind die Frauen der Horde.

met. Mit dem Sex ist es dann freilich ein für allemal vorbei, und auch sein Potenzsymbol – der artnamengebende leuchtend rote Fleck auf der Brust – verblasst schon binnen weniger Stunden.

Unter den weltweit recht zahlreichen Hirscharten zeichnet sich der bei uns heimische Rothirsch durch ein besonders imposantes Geweih aus, das bei kapitalen Exemplaren 4–5 kg auf die Waage bringen kann – ein in jeder Hinsicht gewichtiger Kopfschmuck also. Und dieser muss auch noch jedes Jahr neu gebildet werden! Warum die Hirschmänner diese kräftezehrende Tortur auf sich nehmen, konnte wissenschaftlich noch nicht wirklich geklärt werden. Immerhin weiß man, dass der Geweihabwurf, der gewöhnlich zwischen Februar und April ansteht, hormonell bedingt ist und dann erfolgt, wenn der Testosteronspiegel des Tiers auf sein Minimum sinkt. Schon kurz darauf setzt dann die Neubildung ein, die nach etwa 120 Tagen abgeschlossen ist – rechtzeitig zur Brunft, wie die herbstliche Fortpflanzungszeit in der Fachsprache heißt.

Das Jahr über leben Rothirsche gesellig, aber nach Geschlechtern getrennt, d.h. es gibt Frauengruppen und Junggesellenverbände, nur über zehn Jahre alte »Senioren« sind eher Einzelgänger. Ab Ende August verlassen nun diejenigen Herren, die voll im Saft ihrer Männlichkeit stehen, die Hirschrudel und begeben sich auf die Suche nach einer Frauengruppe. Bis zu 120 km legen die liebeshungrigen Vierbeiner dabei zurück, ohne sicher zu wissen, ob sie auch wirklich zum Zuge kommen werden, gibt es doch zahlreiche Wettbewerber, die es auszuschalten gilt, bevor man Platzhirsch wird. Offensichtlich scheuen sie jedoch keine Mühe, um wenigstens für kurze Zeit in den Genuss eines eigenen Harems zu kommen und mehrfacher Vater zu werden.

Und noch mehr: Während dieser Wochen bleibt den Lüstlingen praktisch keine Zeit zum Fressen, so beschäftigt sind sie damit, Romeos von ihren Damen fern und diese bei Laune zu halten. Was Männer doch nicht alles tun für jede Menge Sex! Andererseits beschränkt sich ihr Liebesleben auf wenige Wochen. Ist die Brunftzeit vorüber, kehren die Hirschherren nämlich in ihre angestammten Einstände zurück und müssen viele Monate abstinent leben. Mit Vaterschaft haben sie insofern rein gar nichts am Hut, denn es sind ausschließlich die Hirschkühe, die sich um den im Mai/Juni geborenen Nachwuchs kümmern.
Zu den aufopferungsvollsten Vätern im Tierreich zählen dagegen die Nandus, die südamerikanischen Pendants zu den bekannteren afrikanischen Straußen und den australischen Emus. Diese drei Laufvogelfamilien verfügen zwar alle noch über Flügel, bringen samt und sonders aber viel zu viel Gewicht auf die Waage, um noch abheben zu können. Dafür erreichen sie am Boden beachtliche Geschwindigkeiten: Nandus bis zu 60 km/h, Strauße sogar 70 km/h, und gerade Nandus sind auch richtig gute Schwimmer.
Außerhalb der Fortpflanzungszeit leben die tagaktiven Vögel in Gruppen zwischen fünf und 30 Tieren, bestehend aus Hähnen, Hennen und Youngstern. Wenn dann die Balzzeit naht, verlassen die in den besten Mannesjahren befindlichen Herren den Verband und machen sich daran, ein eigenes Revier zu sichern. Jetzt beginnt ihre eigentliche, wenn auch zeitlich sehr befristete Paschazeit: Jeder Hahn schart so viele Frauen wie möglich um sich, während Konkurrenten erbarmungslos mit gezielten Fußtritten und Schnabelhieben verjagt werden. Anschließend werden die Haremsdamen, meist vier bis zwölf an der Zahl, der Reihe nach geschwängert. Sie legen ihre Eier in eine vorher vom Hahn ausgehobene, etwa 1 m breite und

12 cm tiefe Nestgrube – und setzen sich dann ab, um sich bei Gefallen im Territorium eines anderen Nandumannes demselben hinzugeben und ihn ebenfalls mit Liebesdiensten und dem daraus resultierenden Nachwuchs zu beglücken.
Der Hahn bleibt indes nach den kurzen Vergnügungen buchstäblich auf den Eiern sitzen. Bis zu 80 Stück sind es, die 35 bis 40 Tage lang bebrütet werden wollen, soll ansehnliches Federvieh daraus entstehen. Tag um Tag hockt der Vater in spe so wie eine Glucke auf dem Gelege. Und damit ist es bei Weitem noch nicht getan, denn was ein guter Laufvogelvati ist, kümmert sich auch nach dem Schlüpfen um seinen Nachwuchs. Die Kinder, ein umtriebiges Völkchen, halten ihn rund

sechs Monate lang auf Trab. Solange sie klein sind, geben sie übrigens fast ständig Pfeiflaute von sich, damit der Herr Papa sie, sollten sie verloren gehen, leichter wiederfindet und zum Rudel zurückholen kann. Durchschnittlich an die 30 solcher wandelnden, pfeifenden Federknäuel hat der Nandumann zu beaufsichtigen, weißgott keine beneidenswerte Aufgabe! Verirrt sich einer der Youngster übrigens und schafft es, ohne gefressen zu werden, bis zum Nachbarrevier, ist der dortige Hausherr in aller Regel bereit, den Irrläufer zu adoptieren.

Nandus in Deutschland

Drei Nandupärchen, die im Jahr 2000 aus einem Zuchtgehege bei Lübeck ausbüxten, fühlen sich in Deutschland offensichtlich so wohl, dass sie sich fleißig vermehrten. Fünf Jahre später war die kleine Einwandererpopulation im Nordwesten von Mecklenburg bereits auf 60 adulte Tiere angewachsen.

Auf ein quäkendes Federbalg mehr oder weniger kommt es bei dem quirligen Haufen wohl auch nicht mehr an. Und das mit den eigenen Genen? Scheint bei den Nanduherren keine so große Rolle zu spielen …

Straußenmänner machen sich insgesamt ein leichteres Leben. Auch sie sammeln zur Fortpflanzungszeit einen Harem um sich, wobei der Strauß immer eine Hauptfrau kürt. Die rangniedrigeren Nebenhennen legen ihre acht bis zwölf Eier der Reihe (und Rangfolge) nach rund um die in der Mitte der bis zu 3 m messenden Nestkuhle platzierten »Hauptfraueneier«. Anschließend brütet das eigentliche Paar den Nachwuchs aus (meist tagsüber die Gattin, nachts der Gemahl), die Nebenfrauen werden vertrieben. Vorteile der Erstfrau: Ihre Kinder haben die größte Überlebenschance, denn sie bekommen die meiste Brutwärme. Und noch etwas: Wird das Gelege angegriffen, fallen zuerst die außen liegenden Eier dem Fraß zum Opfer. Treffen Küken führende Paare aufeinander, sind Kämpfe vorprogrammiert, und die Sieger übernehmen die Nachkommenschaft der anderen. Einmal wurde ein Straußenpaar mit sage und schreibe 380(!) Kindern beobachtet. Wer sich so etwas antut, muss schon wirklich Vatergefühle im Übermaß besitzen.

Bei den Emus lebt ein Pärchen vier bis fünf Monate zusammen, bevor es zur Eiablage kommt, danach macht sich die Henne fast immer aus dem Staub, um ihrem Gatten das Brutgeschäft zu überlassen und sich den nächsten feschen Gockel anzulachen. Üblich sind auch hier Gemeinschaftsnester, wobei jedoch nur rund die Hälfte der Eier vom jeweiligen brütenden Hahn stammt. Und der ist ein wahrhaft aufopfernder Vater: Während der achtwöchigen Brutzeit verzichtet er völlig auf Speis' und Trank und steht nur auf, um die Eier regelmäßig zu wenden (etwa 10-mal am Tag). Nach dem Schlupf bleiben die Kinder noch bis zu 18 Monate bei ihrem (Brüte- und Zieh-)Papa, der sie liebevoll auf die Herausforderungen des Daseins vorbereitet – während sich die Mütter ein feines, sorgenloses Leben machen.

Auch Frau Blatthühnchen, die buchstäblich auf großem Fuße lebt (so kann sie trockenen Gefieders über Wasserpflanzenblätter schreiten) und weltweit in tropischen und subtropischen Gebieten zu Hause ist, überlässt das Brüten und die Kinderbetreuung ganz dem Vater und begibt sich sofort nach der Eiablage unziemlicherweise auf die Suche nach einem neuen Liebhaber, mit dem sie wiederum Kinder in die Welt setzt. Fallen die geschlüpften Küken ins Wasser, was durchaus vorkommt, nimmt Papa sie zum Wärmen und Trocknen im wahrsten Sinne des Wortes unter seine Fittiche.

Die größten Harems unter den Säugetieren halten sich Südliche Seeelefanten, bei denen die Bullen ganz hemmungslos der Vielweiberei frönen. Problem dabei: Die gewichtigen Ladys müssen rund um die Uhr strikt überwacht werden, damit sie nicht mit jüngeren Lovern anbändeln. Das ist derart anstrengend, dass die Paschas während der dreimonatigen Paarungszeit bis zur Hälfte ihres Lebendgewichts verlieren. Überhaupt verausgaben sich die Herren bei den Rangordnungskämpfen derart, dass ihre Lebenserwartung (auch die der Usurpatoren – und 90 Prozent der Bullen bekommen nie eine Chance zur Fortpflanzung!) deutlich unter der der Frauen liegt.

Zwischen zehn und zwanzig Haremsdamen leisten sich die Seeelefantenmänner, die mit bis zu 6,5 m und bis zu 3,5 t größten und schwersten Robben der Welt. Ihren Namen verdanken die Tiere übrigens der rüsselartig vergrößerten Nase. Ausgewachsenen älteren Tieren hängt der bis zu 30 cm lange »Rüssel« weit übers Maul, und zur Paarungszeit kann er durch verstärkte Blutzufuhr sogar noch weiter vergrößert werden. Die Weibchen erreichen nicht einmal die Hälfte der Länge und nur rund ein Drittel der Körpermasse ihrer Ehegesponse. Bei keinem anderen Säugetier ist der Geschlechterunterschied hinsichtlich Größe deutlicher ausgeprägt.

Mit väterlicher Fürsorge haben die Seeelefantenmänner allerdings rein gar nichts am Hut. Ja, bei den eher an Vergewaltigung erinnernden Paarungen ist es sogar gang und gäbe, dass der »Strandmeister«, wie man den Boss in Fachkreisen nennt, sich derart vergisst, dass er seine eigenen Kinder zerquetscht. In jeder Kolonie kommen so jährlich eine beträchtliche Zahl von Jungtieren ums Leben. Die rüsseltragenden Riesenrobben scheinen also wirklich Machos in Reinform zu sein.

Miniaturväter oder wie es sich als reduzierter Mann lebt

Im Tierreich unterscheiden sich Männchen und Weibchen derselben Art oft erheblich in ihrem Aussehen. Meist sind es dabei die Männchen, die größer, schwerer und bunter gefärbt als die Weibchen sind und sich von diesen auch durch allerlei »Sondermerkmale« abheben. So besitzen z.B. Löwenmännchen nicht nur eine ausgeprägte Mähne an Kopf und z.T. auch am Bauch, sondern sind auch gut 30 bis 50 Prozent größer und schwerer als die Weibchen, die keine Mähne aufweisen. Wissenschaftler bezeichnen diese Unterschiede zwischen männlichen und weiblichen Lebewesen der gleichen Art, die sich nicht auf die Geschlechtsorgane selbst beziehen, als Sexualdimorphismus (sexus = Geschlecht, di = 2, morphe = Gestalt).

Aber es sind nicht immer nur die Männer, die im Tierreich die Großen und die Prächtigen sind. Auch hier gilt: Ausnahmen bestätigen die Regel. Es gibt nämlich durchaus auch Arten, bei denen das Männchen deutlich kleiner ist als das Weibchen – sprich Minimänner und damit natürlich auch Miniväter. Diese sogenannten Zwergmännchen trifft man vor allem bei den niederen Tieren und den Fischen an.

Offenbar sind es ausgerechnet die finsteren Tiefen der Ozeane, in denen wir vermehrt Männchen mit Zwergenwuchs finden. So können bei den Tiefsee-Anglerfischen die Weibchen eine Größe von 40 cm erreichen, die Männchen dagegen bringen es lediglich auf vergleichsweise bescheidene 2 cm. Interessant gestaltet sich auch die Fortpflanzung der so unterschiedlich großen Sexualpartner, denn bereits beim ersten Rendesvouz verwachsen die Miniaturmänner mit den vergleichsweise gigantischen Weibchen. Hat das Männchen näm-

lich mit Hilfe seiner Augen und des gut ausgebildeten Geruchssinnes einmal ein Weibchen gefunden, beißt es sich an diesem fest. Mit der Zeit bilden sich dann die Kiefer des Männchens zurück und Haut und Blutgefäße des ungleichen Paares verwachsen miteinander. Alle Organsysteme des Männchens werden reduziert. Ernährungstechnisch hängt der Mann von da an regelrecht am Tropf seiner Frau, denn die Nährstoffzufuhr erfolgt nur noch über den Blutkreislauf des Weibchens. So führt das Männchen, ausgestattet mit Giganten-Hoden, die fast die ganze Leibeshöhle ausfüllen, ein Leben als festgewachsener Samenspender und Vater an der Seite des Weibchens, bis der Tod die beiden scheidet. Offensichtlich lässt es sich also auch als völlig reduzierter Vater noch ganz angenehm leben.
Als Löcherkrake *(Tremoctopus violaceus)* Vater zu werden, ist dagegen keine reine Freude: So müssen die Männchen dieser Spezies nicht nur bereits nach dem ersten und darüber hinaus

auch noch äußerst lustfeindlichen Akt ihr Leben lassen, sondern sind ihren Weibchen auch noch körperlich hoffnungslos unterlegen, denn bei den in der Tiefsee vor Australien lebenden Kraken gibt es einen unglaublichen Größenunterschied zwischen den Geschlechtern: Während das Weibchen etwa 2 m groß ist und rund 10 kg auf die Waage bringt, ist das Männchen dieser außergewöhnlichen Tintenfischart mit einer Größe von 2,4 cm gerade mal so groß wie die Pupille des Weibchens und wiegt lediglich ein viertel Gramm. Damit bringt es das Weibchen auf ungefähr das 40 000-fache des Männchens. Kein Wunder also, dass der Sex zwischen zwei so unterschiedlichen Geschlechtspartnern reichlich ungewöhnlich abläuft, ist diese Beziehung doch zumindest rein größenmäßig mit der Romanze zwischen einem Spatz und einem Jumbojet zu vergleichen.
Die Miniaturväter in spe besitzen einen zu einem Begattungsorgan umfunktionierten Arm, der eigens der Fortpflanzung dient. Dieser sogenannte Hectocotylus wird zunächst mit Spermien vollgepumpt, um anschließend abgestoßen zu werden und dann völlig losgelöst zum Weibchen zu schwimmen, das den »Spermienarm« bis zur eigentlichen Befruchtung der Eier zunächst einmal in der Mantelhöhle verstaut. Die Männchen sterben übrigens kurz nach diesem ungewöhnlichen »Unterwasser-Safer-Sex-Akt«.
Die Wissenschaft bietet gleich mehrere Erklärungen dafür an, warum es bei Löcherkraken zu solch gewaltigen Größenunterschieden zwischen den Geschlechtern gekommen ist. Eine besonders interessante Theorie bietet die außergewöhnliche Verteidigungsstrategie der Tiere. Löcherkraken setzen sich nämlich mit »fremden« Waffen zur Wehr, und zwar mit Nesselzellen bewehrten Tentakelbruchstücken, die von der Portugiesischen Galeere, einer besonders giftigen Staatsquallen-

art, stammen. Diese »Miniaturwaffen« lassen sich jedoch nach Ansicht der Wissenschaftler nur mit winzigen Saugnäpfen problemlos handhaben, und so haben die männlichen Löcherkraken – so die These – möglicherweise auf ein angemessenes Wachstum verzichtet, um diese »geborgten« Waffen ein Leben lang effektiv nutzen zu können

Den gewaltigsten Größenunterschied zwischen den Geschlechtern findet man jedoch beim Grünen Igelwurm *(Bonellia viridis)*, einer Wurmart, die auf dem Meeresboden bis hin zu einer Tiefe von mehreren Tausend Metern zu finden ist: Bei den nur wenig bekannten Tieren ist das Weibchen, das auf den ersten Blick an eine eingelegte Gurke erinnert, mit einer stolzen Größe von 2 m rund 1000-mal größer als der mickrige Gatte, der es gerade mal auf bescheidene 2 mm bringt. Kein Wunder also, dass die Wissenschaft lange Zeit die Mini-Igelwurmmännchen nicht als solche erkannt, sondern als artfremde Parasiten des Weibchens einstufte, etwa vergleichbar mit den Flöhen eines Hundes. Aber wie funktioniert der Sex und damit die Fortpflanzung zwischen Riesenfrau und Minimann? Bizarr wäre noch untertrieben: Zunächst einmal verschluckt das vergleichsweise gigantische Weibchen mehrere Miniherren, die sich daraufhin zunächst einmal im Darm aufhalten. Hin und wieder bohrt sich dann ein Männchen durch die Darmwand und wandert durch die Leibeshöhle, um es sich schließlich im Uterus des Weibchens bequem zu machen. Hier sind die Miniaturmänner offensichtlich am Ziel ihrer Träume angekommen – sie haben nämlich nur noch eine einzige Aufgabe: die Eier des Weibchens zu befruchten.

Übrigens wurden bei den kleinen Unterwasserdauerbefruchtern viele Organe stark zurückgebildet und zum Teil auch umfunktioniert. So wurde zum Beispiel die frühere Speiseröhre zum Samenleiter, was bedeutet, dass das Männchen seinen Samen quasi direkt aus dem Mund auf die Eier spritzt. Außergewöhnlich ist zudem die Festlegung des Geschlechts bei den aus den befruchteten Eiern geschlüpften frei schwimmenden Larven. Lassen sie sich auf dem Meeresboden nieder, entwickelt sich aus ihnen ein Weibchen, treffen die Larven auf ein Weibchen setzen sie sich auf ihm fest und entwickeln sich, wohl bedingt durch eine hormonelle Steuerung des Weibchens, zu Männchen.

Und welchen Vorteil bringt es mit sich, wenn man ein rein körperlich nur auf »das eine« reduzierter Minimann bzw. Minivater ist? Ganz einfach: Gerade in dünn besiedelten Lebensräumen wie der Tiefsee ist es für die Arterhaltung wichtig, dass sich die Geschlechtspartner zur erfolgreichen Fortpflanzung überhaupt finden. Und da ist es eben ausgesprochen vorteilhaft, wenn das Männchen so klein ist, dass es dauerhaft am bzw. sogar im Körper des Weibchens lebt und so stets bei der Eiablage ohne energetisch aufwendige und zeitraubende Suche als Samenspender zur Verfügung steht – ein Vater für die Westentasche sozusagen.

WENN PAPA DIE DRITTE GEIGE SPIELT ODER: NACKTE KÖNIGIN MIT MÄNNERHAREM

Nun gibt es im Reich der Säugetiere auch Frauen, die sich einen männlichen Harem halten. Das extremste Beispiel sind wohl die Nacktmulle, deren Lebensweise eher der von Ameisen oder Bienen (siehe S. 110ff.) gleicht, als der anderer Säuger. Nacktmulldamen, die es bis an die Spitze ihrer Kolonie geschafft haben, führen in der Tat ein echtes Königinnendasein – oder, aus der Warte der Väter gesehen, das einer Gebärmaschine.

Dabei sind diese Nager schlichtweg hässlich: Neben der unattraktiven schrumpelig rosa-grauen Haut haben sie auffallend große Nagezähne, die vor der Lippe sitzen. Weil diese durch

Gruppenkuschler

Anders als gewöhnliche Säugetiere können sich Nacktmulle weitgehend ihrer Umgebungstemperatur anpassen, d.h. sie sind geradezu »wechselwarm«. Zwischen 12 °C und 32 °C reicht das Spektrum ihrer Körpertemperatur. Dünne Haut und dünne Fettschicht machen den raschen Wechsel möglich, der in den unterirdischen Höhlensystemen extrem hilfreich ist. Besteht die Gefahr, zu sehr auszukühlen, regulieren sie ihre Körperwärme durch sogenanntes Gruppenkuscheln, wobei sich mehrere Mulle im Nest möglichst eng aneinanderpressen.

die ständige Graberei massiv abgenutzt werden, wachsen sie ständig nach – und sind obendrein einzeln beweglich. Damit die Tiere keinen Schmutz schlucken müssen, verschließen sie den Mund durch Hautfalten.

Überhaupt nehmen die Nackmulle, die, wie böse Zungen behaupten, aussehen wie Penisse auf Beinen, unter den Säugetieren gleich mehrfach eine Sonderstellung ein. So sind die am Horn von Afrika in riesigen unterirdischen Bauten lebenden Geschöpfe das einzige Beispiel für Eusozialität bei Säugern.

Unter Eusozialität verstehen Wissenschaftler die Existenz in großen, streng hierarchisch strukturierten Kolonien, die von einem einzigen fortpflanzungsfähigen Weibchen geleitet werden. Für die Entwicklung dieser merkwürdigen Lebensweise gibt es verschiedene Hypothesen.

Der Biologe William Hamilton führt sie auf Verwandtschaftsselektion zurück: Nicht reproduktive Tiere fördern die Weitergabe ihrer eigenen Erbanlagen, indem sie sich um die Aufzucht ihrer Geschwister kümmern, die ja weitestgehend dieselben Gene tragen. Dies ist im Sinne des »egoistischen Gens« immer dann sinnvoll, wenn der Fortpflanzungserfolg durch Arbeitsteilung deutlich größer ist, als wenn jedes Weibchen selbst Junge zur Welt bringen würde. Und Nacktmulle haben die weltweit höchste bekannte Inzestrate, weshalb ein solcher Altruismus bei ihnen durchaus Sinn macht.

In dieselbe Richtung geht der Entomologe Richard Alexander. Um in Verbänden, bei denen die Jungen auch im Erwachsenenalter in der Kolonie bleiben, drohende Überbevölkerung zu vermeiden, verzichten die Jungen auf eigenen Nachwuchs und helfen stattdessen den Eltern bei der Aufzucht der Geschwister – mit denen sie schließlich enger verwandt sind, als sie es unter normalen Umständen mit eigenen Sprösslingen wären.

Der sogenannten Kooperationstheorie zufolge hängt die Eusozialität dagegen hauptsächlich mit der Futterknappheit zusammen.
Auch der Essener Zoologe Hynek Burda geht in seinem Modell davon aus, dass Tiere mit langer Trag- und Stillzeit in Regionen mit nur fleckenhaft vorkommender Nahrung nicht in der Lage wären, sich genügend Fettreserven anzufressen, und daher auf die Hilfe von »Arbeitern« angewiesen sind.

Die Nacktmullkönigin wächst während der Schwangerschaft in die Länge. So kann sie sich auch in trächtigem Zustand durch die engen Gänge bewegen.

Um an Bedienstete für ihren Hofstaat zu kommen, haben die nackten Königinnen der Mullenreiche eine clevere Strategie entwickelt: Sie erziehen einfach ihren Nachwuchs zu solchen. Die dominante Nacktmullin sorgt nämlich dafür, dass alle ihre Mädels und Buben unfruchtbar bleiben.
Über die genauen Gründe für diese reversible (also nicht unwiderruflich dauerhafte) Infertilität rätseln die Wissenschaftler noch. Man nimmt aber an, dass es das schikanöse Verhalten der Domina ist, das die – auch erwachsenen – Kinder derart unter Stress setzt, dass ihnen jegliche Lust auf die Lust vergeht. Der britische Biologe Chris Faulkes vermutete, dass sie Duftbefehle aussendet, die den Trieb der Bediensteten wie eine Psychopille hemmen. Andere, neuere Forschungen legen als Ursache jedoch in erster Linie das ausgeprägte Dominanzverhalten nahe, das den Sexualhormonhaushalt der anderen außer Kraft setzt. Und nicht zuletzt: Wer ständig wie ein Fließbandarbeiter schuftet, dem bleibt erfahrungsgemäß wenig Energie fürs Liebesleben.

Ein Nacktmull kennt keinen Schmerz

Als einzige bekannte Säugetierart scheinen Nacktmulle von Natur aus kein Schmerzempfinden zu haben. Sie nehmen Schnittverletzungen, Verätzungen und Verbrennungen etc. zwar wahr, empfinden sie jedoch nicht als schmerzhaft. Forscher der University of Illinois, Chicago, haben nun den Grund dafür herausgefunden: Der Haut der Tiere fehlt ein aus elf Aminosäuren bestehendes Molekül, die sogenannte Substanz P. Als die Wissenschaftler durch Einschleusen eines Gens die Produktion dieser Substanz anregten, stieg die Schmerzempfindlichkeit der »wandelnden Penisse« deutlich an. Diese Erkenntnisse sollen nun helfen, auch menschlichen chronischen Schmerzpatienten Linderung zu verschaffen.

Als Vererber hält sich die Regentin des 20 bis 300 Köpfe umfassenden Volkes einen – vergleichsweise kleinen – männlichen Harem aus zwei bis vier ausgewählten Lovern, deren primäre Aufgabe darin besteht, ihr auf Abruf zu Diensten zu sein und gute Gene an die Nachkommenschaft weiterzugeben. Rangstreitigkeiten zwischen den Casanovas sind unbekannt, zumal die Paarung immer von der Königin initiiert wird, die ihr Verlangen stimmlich und durch Präsentation ihrer Genitalien bekanntgibt. Im Gegenzug für ihr Drohnenleben altern die Haremsherren jedoch überdurchschnittlich schnell. Auch das Dasein als verwöhnter männlicher Geliebter und Besamer hat offensichtlich seinen Preis! Um die Brutpflege scheren sich weder Papa noch Mama, das übernehmen voll und ganz die geschwisterlichen Arbeiter/innen, und zwar schon ab einem Alter von gut zwei Monaten. Nichts mit langer, unbeschwerter Kindheit also.

Schwächelt oder stirbt die Königin, rückt ein Weibchen aus der Kaste der sogenannten Gardisten (ältere Tiere, die die Funktion als Bautenwächter innehaben, aber ebenfalls als einfache Arbeiter anfingen) nach. Mehrere »Politessen« werden dann fruchtbar und gewinnen an Größe. Den Thron besteigt bisherigen Erkenntnissen nach immer diejenige Nacktmullin, die als Erste eigene Kinder in die Welt setzt.

Was Väter sonst noch so alles treiben

Fliegender Vater mit Kindersitzen

Männliche Zwerg-Binsenhühner sind sozusagen die Kängurus unter den Vögeln, denn sie tragen ihre Jungen in allen Lebenslagen in speziellen Beuteltaschen spazieren. Zwerg-Binsenhühner sind etwa entengroße, aquatisch lebende Vögel, die in Mittel- und Südamerika zu Hause sind. Ein Gelege dieser bisher nur wenig erforschten Vogelart besteht meist aus zwei, seltener aus drei Eiern. Beide Elternteile bebrüten das Gelege, wobei das Männchen die Tag- und das Weibchen die Nachtschichten übernimmt. Die Jungvögel die nach nur 10 Tagen Brutzeit schlüpfen, sind ausgesprochene Nesthocker und zunächst noch völlig nackt und mit ihrem kurzen, kaum ausgebildeten Schnabel und ihren schwach entwickelten Beinchen dringend auf die Pflege und den Schutz ihrer Eltern angewiesen.

Bei Zwergbinsenhühnern ist es der Herr Papa, der in erster Linie diesen Job übernimmt: Er besitzt nämlich eine spezielle Tasche unter jedem Flügel, in der jeweils ein Jungvogel Platz

findet und in der der Vater seine Kinder sicher transportieren kann. Die Tasche wird durch eine Hautfalte am Flügelansatz gebildet und ist durch die umliegenden Federn so gut abgeschlossen, dass die Jungen selbst dann warm und trocken untergebracht sind, wenn die Vogelväter schwimmen, tauchen oder sogar fliegen.

Väter, die ihre Kinder auch beim Fliegen mitnehmen – eine solche Anpassung ist einzigartig unter Vögeln. Bei keiner anderen gefiederten Art werden Jungvögel von den Eltern auf diese Art und Weise transportiert. Zwar kann man ab und an beobachten, dass junge Schwäne oder die Jungen verschiedener Taucherarten kurze Strecken per Anhalter auf dem Rücken ihrer schwimmenden Elterntiere zurücklegen, und bei den Blatthühnchen ist bekannt, dass das Männchen bei Gefahr seine Küken unter die Flügel klemmt und flüchtet (S. 124), dies geschieht jedoch niemals während des Fluges. Der väterliche Kindertransport durch die Lüfte wurde erst-

malig 1816 vom deutschen Naturforscher Prinz Maximilian zu Wied-Neuwied auf einer seiner Südamerikaexpeditionen beobachtet. Der Bericht des Prinzen über diese sensationelle Verhalten wurde jedoch damals als unglaubwürdig eingestuft, bis der bekannte mexikanische Ornithologe Miguel Alvarez del Toro das gleiche Phänomen etwa 150 Jahre später bei Zwerg-Binsenhühnern in Mexiko beobachten konnte.
Beim fliegenden Vater mit den eingebauten Kindersitzen besteht noch gewaltiger Forschungsbedarf: So ist z. B. noch überhaupt nicht geklärt, wie die Jungvögel in die Hauttasche gelangen. Krabbeln die Nestlinge selbst in den Beutel, oder werden sie vom Vater mit Hilfe des Schnabels hineingesteckt? Bleiben sie permanent in den Taschen, oder verlassen sie diese ab und an? Werden sie vom Vater oder der Mutter gefüttert? Und warum haben eigentlich die Weibchen keine ähnlichen Taschen?

Nesthocker und Nestflüchter

Etwas haben Löwen-, Maus- und Kakadubabys gemeinsam: Sie werden in einem sehr frühen Entwicklungsstadium geboren und sind daher nach der Geburt völlig hilflos und noch nicht fähig, sich selbstständig fortzubewegen. Auch ihre Sinnesleistungen sind noch nicht vollständig ausgeprägt. Solche Jungtiere sind daher auf die Pflege und den besonderen Schutz ihrer Elterntiere angewiesen. In der Verhaltensforschung werden solche Jungtiere als Nesthocker bezeichnet. Nestflüchter wie Schildkröten, Hühner oder Feldhasen kommen dagegen in einem weit entwickelten Zustand zur Welt und verlassen im Gegensatz zu den Nesthockern ihr Nest bzw. ihren Geburtsort relativ zügig, da sie bereits unmittelbar nach dem Schlüpfen bzw. nach der Geburt in der Lage sind, sich in ihrer Umwelt zurechtzufinden.

Gute Sänger zeugen die kräftigsten Babys

Luciano Pavarotti, die Rolling Stones und seit Neuestem Tokio Hotel haben es bewiesen: Männlicher Gesang kann Frauen in Ekstase versetzen. Aber sich neben Herz und Hirn auch noch die Eierstöcke der Damen gefügig zu machen, das hat nicht einmal Elvis geschafft, und dem King wurde ja bekanntermaßen nachgesagt, er habe puren Sex in der Stimme. Nun fand ein deutsch-britisches Forscherteam unlängst heraus, dass männliche Kanarienvögel dieses Kunststück durchaus beherrschen. Die gelbgefiedertern Piepmätze können nämlich ihre Weibchen allein durch die Qualität ihres Gesanges dazu bringen, größere Eier zu legen. Hören die musikalisch umworbenen Kanariefrauen die verführerischen Gesänge besonders guter Troubadoure, legen sie sehr viel größere Eier, als wenn sie dem Gezwitscher von Vogelherren lauschen, die nicht so gut in der Lage sind, solcherlei erotisierende Töne hervorzubringen.

Das Kalkül der Vogeldamen ist dabei recht einfach: Je besser ein möglicher Partner singt, desto kräftiger und gesünder ist er und desto wahrscheinlicher ist es, dass er dank guter genetischer Ausstattung auch einen ebensolchen Nachwuchs zeugt. Und da lohnt es sich als Mutter durchaus, in die Eigröße zu investieren: Größere Eier enthalten nämlich auch deutlich mehr Nährstoffe, die dann dafür sorgen, dass das so geförderte Küken bereits im Ei kräftiger wird und damit natürlich nach dem Schlüpfen bessere Überlebenschancen hat. Auf welche Weise die weiblichen Vögel die Eigröße verändern, haben die Wissenschaftler allerdings noch nicht herausgefunden.
Die Kanariendamen brauchen erstaunlicherweise ihrem künftigen Liebhaber nicht einmal von Angesicht zu Angesicht gegenübertreten, um seine Qualität als künftiger Vater beurteilen zu können. Als nämlich die Wissenschaftler im Max-Planck-Institut für Ornithologie in Seewiesen 45 ausgewählten Kanarienvogelweibchen diverse Männchengesänge vom Tonband vorspielten, legten die Damen beim Gesang derjenigen Herren die größeren Eier, in deren Gesang viele sogenannte »sexy syllables« (sexy Silben) vorkamen.

Der Vater als Synchronspringer

Das Paarungs- und Brutverhalten von Spritzsalmlern, einer kleinen Fischart, die im Amazonasbecken zu Hause ist, ist für Fische wirklich mehr als außergewöhnlich.
Die Fische verlassen nämlich zu Sex und Eiablage ihr gewohntes Element, das Wasser, und laichen – man glaubt es kaum – an der Unterseite von über die Wasseroberfläche hinausragenden Blättern von Wasser- und Uferpflanzen ab.
Zu Beginn der Paarung suchen die Fischpärchen unter der Wasseroberfläche dicht beieinander schwimmend als erstes einen geeigneten Laichplatz. Ist man fündig geworden, wird

zunächst einmal mit ein paar Testsprüngen überprüft, ob das Brutsubstrat den Ansprüchen auch wirklich genügt, bevor es dann richtig zur Sache geht: Durchaus vergleichbar mit Trampolin-Synchronspringern springt das Fischliebespaar quasi Seite an Seite aus dem Wasser und hängt sich mit Hilfe der Brustflossen und des Unterkiefers für einige Sekunden an das vorher sorgfältig ausgewählte Blatt. Das Weibchen heftet dann blitzartig sechs bis acht Eier an die Unterseite des Blattes, die vom Männchen sofort besamt werden. Nach dieser kräftezehrenden Fischakrobatik der Extraklasse lassen sich die Liebenden dann allerdings sofort wieder ins Wasser zurückgleiten. Dieses Prozedere wird solange wiederholt, bis rund 100 bis 200 Eier an der Blattunterseite kleben.

Die Pflege der Eier ist dann allein Aufgabe des werdenden Vaters, der sich ständig in der Nähe des Eigeleges aufhält und es bei Bedarf äußerst zielsicher mit der Schwanzflosse mit Wasser bespritzt, um ein Austrocknen der Eier zu verhindern.

Die Larven schlüpfen nach 24 Stunden und lassen sich dann einfach von der Blattunterseite ins Wasser fallen. Ab diesem Zeitpunkt ist es dann allerdings mit Brutpflege vorbei. Ganz im Gegenteil – manchmal sehen die Eltern die Jungen sogar als willkommene Abwechslung auf ihrem Speiseplan an.

Warum gute Väter frühreife Töchter haben

Paviane nehmen es mit der Treue nicht so genau, das heißt innerhalb einer Paviangruppe paaren sich sowohl die Männchen als auch die Weibchen mit unterschiedlichen Partnern. Normalerweise würde man da erwarten, dass die Pavianmänner allmählich den Überblick über ihre Nachkommenschaft verlieren und deshalb schon zwangsläufig ihren väterlichen Pflichten nicht nachkommen können. Erstaunlicherweise sind einige Pavianmännchen, wie Freilanduntersuchungen von Wissenschaftlern der amerikanischen Duke-Universität im kenianischen Amboseli-Nationalpark zeigen, jedoch durchaus in der Lage, ihre eigenen Kinder zu erkennen.
Und die Pavianväter nutzen dieses Wissen zum Wohl ihrer Sprösslinge. Die Väter stehen ihrem Nachwuchs nämlich in Auseinandersetzungen mit Artgenossen bei und sorgen dafür, dass die eigenen Kinder beim gemeinsamen Fressen nicht zu kurz kommen. Jungpaviane, die unter väterlicher Obhut stehen, entwickeln sich deshalb schneller und besser als vom Vater vernachlässigten Artgenossen. Nach Beobachtungen der Forscher kommt die väterliche Hilfe dabei vor allem den Töchtern zugute, die ja besonders mit den anderen Weibchen der Gruppe in Konkurrenz stehen und gegen diese leicht von einem ihnen körperlich deutlich überlegenen Männchen beschützt werden können. Als Folge des väterlichen Schutzes werden die jungen Weibchen schneller geschlechtsreif und bringen auch mehr Nachwuchs zur Welt.

Paviansöhne dagegen, deren Rivalen naturgemäß die Männchen der Gruppe sind, kommen nur dann in den Genuss väterlichen Schutzes, wenn die Herren Erzeuger in der strengen Pavianhierarchie relativ weit oben stehen. Das bedeutet, dass sozial besser gestellte Söhne schneller die Geschlechtsreife erreichen als Sprösslinge, deren Väter zum Pavianprekariat gehören. Die amerikanischen Wissenschaftler gehen übrigens davon aus, dass ähnliche Verhaltensmuster auch bei anderen Affenarten auftreten.

Wenn Väter Kinder töten

Zootiere, die in der Gefangenschaft ihre Kinder töteten, waren in der jüngeren Vergangenheit immer wieder Anlass für kollektives Entsetzen und ausführliche Diskussionen in den Medien. Ist es doch aus menschlicher Perspektive eben auch im Tierreich nur schwer nachzuvollziehen, dass Eltern die eigenen Kinder umbringen. Tierschützer führten die Kindstötungen bei den Zootieren meist auf ein durch die Gefangenschaft gestörtes Sozialverhalten der Eltern zurück. In der Natur sind Kindstötungen jedoch durchaus nichts Ungewöhnliches. Ganz im Gegenteil, sie werden von einigen Wissenschaftlern sogar als natürliches Verhalten betrachtet.

Biologen bezeichnen das Töten von Nachkommen der eigenen Art im Fachjargon mit dem aus dem Englischen entlehnten Begriff Infantizid. Fälle von Infantizid findet man unter Säugetieren bei fast allen wehrhaften Arten, nicht nur bei den Raubtieren (Löwen, Braunbären, Eisbären), sondern auch vermutlich bei allen Nagetieren und Primaten, wenn man die Bonobos einmal außen vor lässt.

Zu Kindstötungen im Tierreich kann es aus wissenschaftlicher Sicht aus einer ganzen Reihe von Gründen kommen, wobei die Erklärungsversuche für dieses aus menschlicher Sicht brutale Verhalten allerdings oft reine Mutmaßungen sind. Eine Theorie besagt, dass Eltern gerade bei Tierarten mit hohem Elterninvestment, d.h. mit aufwendiger Brutpflege, ihr schwächstes Kind töten, wenn es durch diverse Umwelteinflüsse zu einer Verknappung der Ressourcen kommt. Durch dieses »Opfer« werden die Überlebenschancen der verbleibenden, stärkeren Nachkommen erhöht.

Andererseits werden gerade bei Nagetieren oft quicklebendige und auch wohlgenährte Nestlinge von den Eltern umgebracht, während deutlich schwächere Nachkommen unbehelligt bleiben.

Oft sind es die Männchen, die den Nachwuchs killen. So töten männliche Löwen oft nach der Eroberung eins Rudels die Jungen ihrer Vorgänger. Wissenschaftler sehen den biologische Nutzen für dieses uns so brutal erscheinende Verhalten darin, dass die Löwenmütter durch die Tötung ihrer Kinder nach kurzer Zeit wieder paarungsbereit sind und das neue Männchen dadurch in der Lage ist, schneller eigenen Nachwuchs zeugen und so seine Gene sicher weiterzugeben. Um dieses Ziel zu erreichen, ist nämlich Eile geboten. Weiß man doch aus Freilandbeobachtungen, dass der Abstand zwischen zwei Geburten bei Löwenweibchen zwei bis drei Jahre beträgt und einem Löwenpascha im Schnitt gerade mal drei bis fünf Jahre bleiben, bevor er von einem jüngeren und stärkeren Männchen als Rudelchef abgelöst wird.

Auch das Bild vom Delfin als notorisch freundlichem Tier ist in letzter Zeit gewaltig ins Wanken geraten, gilt es doch als erwiesen, dass Delfinmänner gezielt den Nachwuchs fremder Väter umbringen, um die eigenen Begattungschancen bei den plötzlich kinderlosen Weibchen zu erhöhen.

Manchmal findet Infantizid auch direkt vor unserer Haustür statt. Entdeckt beispielsweise ein Schwalbenmännchen ein unbewachtes Nest, tötet es die Jungen und startet dadurch beim Weibchen einen neuen Brutzyklus.

Der Infantizid hat im Gegensatz zu Kannibalismus zwar nicht zwangsläufig das Verspeisen der getöteten Nachkommenschaft zur Folge, doch auch dieses Verhalten gibt es im Tierreich. So gehört bei vielen Fischarten – z. B. beim Hecht – der Nachwuchs zum normalen Nahrungsspektrum und wird ungerührt verzehrt. Bei den Landsäugetieren sind es ganz besonders die Bären, bei denen Kannibalismus nichts Ungewöhnliches ist. So konnte recht häufig beobachtet werden, dass junge Eisbären von einem älteren männlichen Artgenossen gefressen wurden. Die Bärinnen sind sich dieser Gefahr stets bewusst und schützen ihre Jungen durch diverse Abwehr- und Vermeidungsstrategien vor dieser permanenten Bedrohung.

Männliche Mäuse gelten, wie viele andere Nagetiere auch, nicht gerade als vorbildliche Väter, mehr noch: Wenn sie in Kontakt mit neugeborenen Mäusekindern kommen, greifen sie diese oftmals an und versuchen sie zu töten. Lange Zeit dachte man, dass dieses aggressive väterliche Verhalten auf einen erhöhten Spiegel des männlichen Sexualhormons Testosteron zurückzuführen ist.

Vor Kurzem haben jedoch amerikanische Wissenschaftler der Northwestern University herausgefunden, dass das »weibliche« Hormon Progesteron zumindest bei Mäusen dafür verantwortlich ist, dass aus guten Vätern richtige Killer werden. Die Forscher hatten zunächst männliche Mäuse genetisch so verändert, dass die Rezeptoren für Progesteron in den Zellen ausgeschaltet wurden, wodurch das weibliche Hormon, das normalerweise nur mit der weiblichen Fortpflanzung und mit mütterlichem Verhalten assoziiert wird, keine Wirkung zeigen konnte. Die Mäuse mit den stillgelegten Rezeptoren zeigten keinerlei Aggressionen gegenüber den Mäusebabys und legten sogar ein aktives Vaterverhalten an den Tag. Oder um es mit den Worten des Leiters der Studie Prof. Levine zu beschreiben: Sie waren großartige Väter. In der Kontrollgruppe, die aus genetisch nicht veränderten Mäusen bestand, töteten dagegen satte 74 Prozent der Mäuse ihre Kinder.

In einem weiteren Experiment, bei dem die Progesteronrezeptoren von »normalen« Mäusemännchen durch chemische Substanzen blockiert wurden, reagierten die Versuchsmäuse ebenso wie die genetisch veränderten Mäuse. Auch hier zeigten die Männchen ein ausgeprägt väterliches Verhalten und ließen sich auch nicht zum Mord an ihren Sprösslingen hinreißen.

Gegenüber anderen Mäusemännern blieben die Mäuse, bei denen die Progesteronrezeptoren auf welche Weise auch immer ausgeschaltet worden waren, jedoch genauso aggressiv wie unbehandelte Männchen. Dieses Verhalten ist nämlich testosterongesteuert. Dagegen scheint nach Ansicht der Wissenschaftler Progesteron dann eine Schlüsselrolle zu spielen, wenn männliche Säuger ihre Jungen töten.

Bei Störchen handelt es sich in der Regel um recht fürsorgliche Eltern, die nicht nur ihr aus drei bis fünf Eiern bestehendes Gelege abwechselnd bebrüten, sondern bei denen auch beide Elternteile den hungrigen Nachwuchs regelmäßig mit Futter versorgen. Manchmal kann man jedoch beobachten, dass Storcheneltern eines ihrer Jungen auffressen oder einfach aus dem Nest werfen. Diese aus menschlicher Sicht unverständliche Verhaltensweise der Elternvögel wird von Wissenschaftlern als Kronismus bezeichnet.

Der Begriff geht auf eine Sage aus der griechischen Mythologie zurück, nach der der Titan Kronos seine eigenen Kinder verschlang, da ihm geweissagt worden war, er würde einst von einem seiner Nachkommen um den Thron gebracht werden.

Für diese bei Störchen und einigen anderen Vogelarten nicht unübliche Verhaltensweise gibt es mehrere Erklärungsmöglichkeiten. Eine Theorie besagt, dass die Storcheneltern bei

Der virtuelle Infantizid

Ein britisch-amerikanisches Forschungsteam versuchte vor Kurzem mit Hilfe eines Computermodells herauszufinden, unter welchen Umweltbedingungen sich Infantizid und Brutfürsorge entwickeln können. Die Forscher erschufen zunächst am Computer eine virtuelle eierlegende Tierart, deren Kinder von den Eltern weder versorgt noch umgebracht wurden. Später entwickelten sie dann verschiedene »Mutanten«, die entweder von den Elterntieren betreut oder getötet wurden oder aber beiden Einflussgrößen ausgesetzt waren, und schleusten sie in die virtuelle Population ein.

Die Ergebnisse des Modellversuchs boten dem Forscherteam dann verschiedene Erklärungen, warum Eltern ab und an ihren eigenen Nachwuchs töten bzw. verzehren: So überlebte bei einer simulierten Nahrungsknappheit manchmal zumindest ein Teil der Nachkommen, wenn einzelne Eier oder Jungtiere von den Eltern aufgefressen wurden, während alle Nachkommen aufgrund des mangelnden Nahrungsangebotes zugrunde gegangen wären, hätte man versucht, den gesamten Wurf aufzuziehen.

Auch unter anderen Simulationsbedingungen erwies es sich letztlich als vorteilhaft für die Vermehrungsrate, wenn einzelne kranke oder aus anderen Gründen schwache Jungtiere von den Elterntieren getötet bzw. gefressen wurden.

Nahrungsknappheit das schwächste Junge opfern, um die Überlebenschancen des restlichen Nachwuchses zu erhöhen. Die wahrscheinlichere Erklärung ist jedoch eine andere: So fiel auf, dass es meist junge Storchenväter und -mütter sind, die ab und an die eigenen Jungen töten. Deshalb vermuten viele Wissenschaftler, dass dieses »Fehlverhalten« eher auf noch nicht ausgereifte Brutpflegeinstinkte der Erstbrüter zurückzuführen ist.

Warum Zwitter unbedingt Vater und nicht Mutter werden wollen

Eigentlich sollte man meinen, dass das Liebesleben von Zwittern – in der Wissenschaft auch Hermaphroditen genannt – äußerst harmonisch verläuft. Da Zwitter sowohl männliche als auch weibliche Geschlechtsfunktionen besitzen, sollten sie sich eigentlich dem Geschlechterkampf entzogen haben. Können sie doch dank ihrer sexuellen Ausstattung äußerst flexibel auf wechselnde Paarungschancen mit ihren Artgenossen reagieren, sprich je nach Bedarf entweder als Männchen oder als Weibchen auftreten. Auf den ersten Blick könnte man daher meinen, Zwitter zu sein, sei die Ideallösung in Sachen Fortpflanzung. Schließlich winkt den zweigeschlechtlichen Individuen ein sicherer Reproduktionserfolg, da ja das jeweils im Einzelfall benötigte Geschlecht jederzeit frei wählbar ist. Fehlt ein Geschlechtspartner, ist sogar eine Selbstbefruchtung möglich. Getrennte Geschlechter scheinen dagegen rückständig, ja sogar überflüssig zu sein.

Warum aber hat sich dann das Zwitterprinzip im Tierreich nicht viel stärker verbreitet? Warum sind gerade einmal 15 Prozent der bekannten Tierarten Zwitter? Und warum finden wir Zwitter – sieht man von einigen Fischarten ab – nur bei Tiergruppen wie Schwämmen, Korallen, Würmern, Schnecken und Krebstieren, die doch eher an der Basis des Tierreiches angesiedelt sind? Bei den sogenannten höheren Tieren wie Amphibien, Reptilien, Vögeln oder gar Säugetieren hat sich das Phänomen Zwitter dagegen überhaupt nicht durchgesetzt.

Der Tübinger Biologe Prof. Nico Michiels, ein führender Wissenschaftler in Sachen Zwitterforschung, glaubt herausgefunden zu haben, warum das Zwittertum sich im Tierreich nicht stärker durchgesetzt hat, obwohl Zwitter sich doch eigentlich schneller an wechselnde Paarungschancen in einer Population anpassen können. Der Zoologe gelangte zu dem Ergebnis, dass das Dasein als Zwitter in eine evolutionäre Sackgasse führt, weil sich die Tiere mit ihrer männlichen Seite zu stark verausgaben.

Zwitter wollen nämlich meist gerne Männchen spielen und übernehmen nur ungern die offensichtlich ungeliebte Frauenrolle beim Sex. Die Gründe dafür sind durchaus verständlich: Zum einen ist Eierproduktion häufig viel kostspieliger als Spermienabgabe und damit mit einem deutlich höheren Energieaufwand verbunden. Zum anderen besteht auch ein hohes Interesse daran, so viele Partner wie möglich zu besamen, um sicherzugehen, dass die eigenen Gene auch wirklich weitergeben werden. Das bedeutet, dass, treffen zwei fortpflanzungswillige Zwitter aufeinander, ein Konflikt bereits meist vorprogrammiert ist, denn beide wollen Spermien abgeben, aber auf keinen Fall selbst welche empfangen.

Einige zwittrige Arten lösen den Konflikt noch durchaus mit friedlichen Mitteln: Sie betreiben einfach einen stark ritualisierten Spermienhandel. bei dem jeder Zwitter gibt und empfängt. Eier- bzw. Spermienhandel, ist besonders gut bei verschiedenen Sägebarscharten untersucht. Treffen zwei paarungsbereite Individuen dieser Meeresfische aufeinander, präsentieren sie zunächst gegenseitig ihre prall mit Eiern gefüllten Bäuche, um dem Sexualpartner zu signalisieren, dass sie im Besitz der »Handelsware Ei« und einem fairen Tauschgeschäft durchaus nicht abgeneigt sind. Daraufhin lässt Fisch Nr. 1 eine Portion Eier ins Wasser ab, die dann von Fisch Nr. 2 sofort besamt wird. Dieser wiederum laicht im Gegenzug eine etwa gleichgroße Eiportion ab, die dann entsprechend von Fisch Nr. 1 befruchtet wird. Auf diese Weise geht es wechselseitig oft stundenlang hin und her, bis einem der Sexualpartner entweder die Eier oder die Spermien ausgehen.

Durch den wechselseitigen portionsweisen Handel werden Betrugsversuche unterbunden, denn wäre ein Partner so unvorsichtig, seine Eier auf einen Schlag anzubieten, könnte er leicht von seinem Gegenüber über den Tisch gezogen werden. Der könnte nämlich einfach alle Eier besamen und damit problemlos seine Gene weitergeben, um sich anschließend sofort aus dem Staub zu machen und so die eigenen Eier als Objekt der Begierde für den nächsten Partner bereitzuhalten.

Manchmal gleicht die Befruchtung bei Zwittern jedoch regelrecht einer feindlichen Übernahme, da es keine wechselseitige Ressourcenabgabe gibt, sondern die Fortpflanzung fast ausschließlich auf Kosten des Partners erfolgt. Zwittern ist dabei jedes Mittel recht, um die begehrte Männerrolle zu ergattern. Bei einigen Arten wird dieser Konflikt mit fairen, wenn auch bizarren Mitteln regelrecht ausgefochten. So benutzt zum Beispiel der zwittrige Strudelwurm *Pseudoceros bifurcus*, der im Englischen dank eines bunten Streifens auf dem Rücken den hübschen Namen »Racing stripe flatworm« (Rallystreifenplattwurm) trägt, seinen Penis als Waffe. Die gerade mal 6 cm großen Meereswürmer, die unter anderem am australischen Great-Barrier-Riff zu Hause sind, liefern sich mit ihren Penissen Fechtduelle, an denen selbst die drei Musketiere von Alexandre Dumas ihre wahre Freude gehabt hätten. Und wie beim »richtigen« Fechten geht es darum, Treffer zu erzielen, aber bitte schön bloß nicht selbst getroffen zu werden. Die kleinen Kombattanten suchen bei ihren Gefechten dabei gar nicht erst nach einer passenden Geschlechtsöffnung, sondern versuchen mit ihrem Penis dem »Gegner« Spermien unter die Haut zu stechen, bemühen sich dabei allerdings stets, eine eigene Besamung tunlichst zu verhindern. Die »Liebesduelle« können manchmal bis zu einer Stunde dauern und enden erst, wenn einer der Penisfechter einen Treffer erzielt und seine Spermien übertragen und damit natürlich auch seine Gene weitergegeben hat. Der Verlierer dagegen trägt neben einer oft nicht gerade unbedeutenden Verwundung auch noch die Kosten für die energetisch aufwendige Eierproduktion.

Auf eine besonders heimtückische Art sorgt die zwittrige Meeresschnecke *Siphopteron quadrispinosum* dafür, dass sie es ist und nicht ihr Sexualpartner, der seine Spermien überträgt. Die kleinen, gerade mal 5 mm großen gelb-roten Nacktschnecken, die vor der Küste Australiens leben, können nämlich ihren Partner mit Hilfe eines speziell konstruierten Penis narkotisieren. Der gegabelte Penis der kleinen Meeresbewohner besitzt neben einem Hauptast, der zur Übertragung der Spermien dient, noch einen Nebenast, der von Aufbau und Funktion her einer Injektionsnadel gleicht. Beim Sex versuchen jetzt die Schnecken zunächst, sich gegenseitig mit Hilfe des Nebenastes eine narkotisierende Flüssigkeit in die Leibeshöhle zu spritzen, um sodann den hilflos dahindämmernden Partner in aller Ruhe mit dem Hauptast zu befruchten. Sozusagen eine zwittrige Vergewaltigung unter Zuhilfenahme von K.-o.-Tropfen.

Nicht ganz so fies, aber deutlich brutaler, ja nahezu barbarisch geht es bei der Fortpflanzung der kalifornischen Bananenschneckenart *Ariolimax dolichophallus* zu. Die gelben Nacktschnecken, die mit einer Penislänge von über 30 cm bei einer Körpergröße von 15 cm ihrem wissenschaftlichen Namen (»dolichophallus« = lat.: langer Penis) alle Ehre machen, greifen nämlich zu drastischen Mitteln, um den Sexualpartner zumindest zukünftig in die weibliche Rolle zu drängen. Sie nagen ihm nämlich nach bzw. auch während des Liebesaktes einfach den Penis ab, sodass die so Amputierten fortan zu einem Leben als Weibchen verdammt sind. Ein Tatbestand, der in Wissenschaftlerkreisen vornehm verharmlosend als Apophallation bezeichnet wird. Der Penis kann übrigens mit hoher Wahrscheinlichkeit nicht regeneriert werden.

Zum Schluss noch ein Wort zum Thema Selbstbefruchtung: Diese Fortpflanzungsmethode hat populationsgenetisch gesehen einen riesigen Nachteil gegenüber »richtigem« Sex, kommt es hier doch mangels Genaustausch zu einem Verlust an genetischer Vielfalt. Und gerade diese Vielfalt ist nötig, damit eine Population in der Lage ist, sich auch an veränderte

Umweltbedingungen anzupassen. Stark vereinfacht gesagt: Nur richtiger Sex macht (zumindest in den allermeisten Fällen) fit für die Zukunft.

Es geht auch ohne Vater

Einige Tierarten kommen – wahrscheinlich zur Freude vieler Feministinnen – erstaunlicherweise gänzlich ohne Männer aus. Der Vater ist hier nicht mehr gefragt, denn die Weibchen dieser Arten haben sich dem Geschlechterkampf entzogen und pflanzen sich eingeschlechtlich durch sogenannte Jungfernzeugung fort. Bei dieser Art der Fortpflanzung, die Wissenschaftler als Parthenogenese bezeichnen, wird einer unbefruchteten Eizelle mit Hilfe von Hormonen eine Befruchtung vorgegaukelt, sodass sie sich teilen und zu einem vollentwickelten Organismus heranreifen kann. Jungfernzeugung tritt bei einer Vielzahl von wirbellosen Tieren, etwa Rädertierchen, vielen Krebs- und Spinnentieren sowie einigen Insektenarten auf. Bei den Wirbeltieren sind es dagegen nur vereinzelte Fisch- bzw. Reptilienarten, die sich dieser Art der Fortpflanzung bedienen.

Bei einigen Tiergruppen wie z.B. der Honigbiene oder den Wasserflöhen wechseln sich Parthenogenese und sexuelle Fortpflanzung in nahezu regelmäßigen Abständen ab. Die Auslöser für den Fortpflanzungsartwechsel können dabei vielfältig sein. Meist handelt es sich jedoch um chemische, mechanische oder thermische Reize, die die Jungfernzeugung auslösen oder beenden.

Auch bei der mit einer Körperlänge von mehr als 3 m größten Echse der Welt, dem gigantischen Komodowaran, kommt es ab und an zur Jungfernzeugung. So wurden in mehreren englischen Zoos Komodowarane geboren, ohne dass Männchen auch nur in die Nähe der Mütter gekommen wären.
Bei den Komodowaranen entstehen durch Jungfernzeugung, im Gegensatz zu den meisten sich parthenogenetisch vermehrenden Arten, bei denen die Nachkommen nicht nur immer weiblich, sondern auch genetisch völlig identisch mit dem Muttertier sind, stets Männchen. Diese Tatsache hängt mit der Verteilung der Geschlechtschromosomen der riesigen Echsen zusammen: Die weiblichen Geschlechtszellen der Warane teilen sich im letzen Reifungsschritt nämlich nicht in zwei gleich große Eizellen, sondern in eine große Eizelle und ein winziges Polkörperchen – beide mit jeweils der gleichen genetischen Ausstattung. Das Polkörperchen bleibt zunächst am großen Ei hängen. Käme es zu einer Befruchtung durch ein Männchen, würde das Polkörperchen zugrundegehen, bei der »Selbstbefruchtung« verschmilzt es jedoch wieder mit der Eizelle.
Und da bei Reptilien Weibchen ein Z- und ein W-Chromosom, Männchen dagegen zwei Z-Chromosomen besitzen, können bei einer Verdopplung der Chromosomen der Eizelle nur die Kombinationen ZZ oder WW entstehen – je nachdem, welches Chromosom die Eizelle abbekommen hat. Und da eine WW-Kombination nicht lebensfähig ist, kann die Nachkommenschaft nur männlich sein.
Wissenschaftler vermuten, dass die Jungfernzeugung den auf der Insel Komodo und einigen anderen indonesischen Eilanden beheimateten Reptilien helfen soll, ihren Lebensraum auszudehnen. So könnte ein Weibchen beispielsweise zu einer noch nicht besiedelten Insel schwimmen, sich dort parthenogenetisch fortpflanzen, um dann mit den durch Jungfernzeu-

gung entstandenen Männchen wieder dem »richtigen« Sex zu frönen, und so eine neue Population gründen.
Auch nach langen Jahren rein parthenogenetischer Vermehrung muss eine Tierart nicht zwangsläufig diese Art der Fortpflanzung beibehalten. So konnte ein deutsch-amerikanisches Forscherteam zeigen, dass Hornmilben aus der Familie der Crotoniidae nach Millionen Jahren der Keuschheit den Sex wiederentdeckt haben. Die Vorfahren der kleine Spinnentiere praktizierten nämlich noch eine geschlechtliche Vermehrung, um sich dann nach und nach mit der Zeit einer ungeschlechtlichen Fortpflanzung via Parthenogenese zuzuwenden. Milben, die sich per Jungfernzeugung vermehren, bringen fast ausschließlich Weibchen zur Welt, bei denen es sich um genetisch identische Kopien der Mutter handelt. Die seltenen Männchen sind unfruchtbar. Die Crotoniidae haben jedoch vor Kurzem die ungeschlechtliche Fortpflanzung aufgegeben und sich erneut der sexuellen Vermehrung zugewandt. Eine sensationelle Entdeckung, denn nach dem sogenannten Dollo'schen Gesetz, das besagt, dass Organe, die in der phylogenetischen Entwicklung einer Art verlorengegangen sind,

nie wieder in der ursprünglichen Form in der besagten Linie neu angelegt werden, sollten die Gene für die sexuelle Fortpflanzung nach Hunderten von Millionen Jahren parthenogenetischer Entwicklung eigentlich verlorengegangen sein. Die Milben haben jedoch erstaunlicherweise die Erbinformation für die Bildung von Geschlechtern während der langen Zeit der asexuellen Phase irgendwie erhalten.
Warum die Hornmilben nach jahrmillionenlanger Abstinenz den Sex wiederentdeckten, ist noch nicht erforscht. Eine Erklärungsmöglichkeit bieten die im Laufe der Evolution veränderte Lebensumstände. So leben zum Beispiel Milben der Gattung *Crotonia* nicht wie andere Hornmilben bevorzugt im Erdboden, sondern auf Bäumen. Im Boden – so die Spekulation der Forscher – sind die Lebensverhältnisse für die Milben sehr stabil, gibt es hier doch sowohl genügend Nahrung als auch ausreichend Schutz vor Fressfeinden, sodass neue genetische Kombinationen, die aus einer geschlechtlichen Vermehrung herrühren, eher schädlich als nützlich für die Milbenpopulation sind. Ganz anders stellt sich die Situation beim »Auf-dem-Baum-Leben« dar: In luftigen Höhen steht weniger Nahrung zur Verfügung, und die Milben sind größeren Gefahren ausgesetzt. Hier könnte eine sexuelle Fortpflanzung deutliche Vorteile bieten – werden doch durch den mit dem Sex verbundenen Genaustausch neue Eigenschaften »geschaffen«, die im Kampf ums Überleben durchaus vorteilhaft sein können.
Bisher ging die Wissenschaft davon aus, dass bei per Jungfernzeugung entstandenen Nachkommen aufgrund des fehlenden Austausches von männlichem und weiblichem Erbgut und der damit begrenzten genetischen Ausstattung der Populationen Defizite hinsichtlich Vitalität und körperlichem Leistungsvermögen in Kauf genommen werden müssten. Vor Kurzem konnte jedoch ein amerikanisch-australisches Wissenschaft-

lerteam zeigen, dass diese Hypothese nicht zwangsläufig für alle Tierarten gelten muss. Die Forscher untersuchten die Leistungsfähigkeit der Weibchen unterschiedlicher Rassen der australischen Geckoart *Heteronotia binoei*.

Im Labor traten dazu Geckoweibchen aus einer sich rein parthenogenetisch vermehrenden Rasse dieser Echsenart gegen Weibchen aus einer Rasse, die sich sexuell vermehrt, zum ultimativen Fitnesstest an. Den Zustand der kleinen Echsen überprüften die Wissenschaftler per Laufradtest: Sie kontrollierten Geschwindigkeit und Körpertemperatur der Geckos bei der sportlichen Übung und maßen, wie viel Energie die Tiere beim Laufen aufwenden mussten. Das Ergebnis war verblüffend: Die »Jungfernzeugerinnen« konnten nicht nur locker mit der aus einer geschlechtlichen Verbindung stammenden Konkurrenz mithalten, sondern übertrafen diese sogar in ihrer Leistungsfähigkeit um stolze 50 Prozent. Das bedeutet, dass zumindest bei *Heterontia* Linien aus ungeschlechtlicher Fortpflanzung einen Vorteil gegenüber solchen aus geschlechtlicher Fortpflanzung haben.

Vater Maus vor dem Aus?

Fortpflanzung ohne eine Beteiligung von Männern – das galt bis vor Kurzem bei Säugetieren als völlig unmöglich. 2004 gelang es jedoch einem japanisch-koreanischem Forscherteam, eine weibliche Maus ohne die Mithilfe eines Vaters zu erschaffen. Die Wissenschaftler überlisteten die Natur mit einer raffinierten Kombination von Methoden aus der Molekularbiologie und der Befruchtungstechnik: Sie kombinierten die Erbgutträger der Eizellen von einer neugeborenen und einer erwachsenen Maus und zerstörten zusätzlich ein Schlüsselgen, das normalerweise festlegt, ob bei der Nachkommenschaft bestimmte Gene des Vaters oder der Mutter aktiviert werden.

Dass die »Jungfernzeugung im Labor« allerdings alles andere als einfach war, belegen einige Zahlen: So benötigten die Wissenschaftler 598 Versuche, um 457 intakte Eizellen zu gewinnen. Aus den 371 Embryonen, die insgesamt 26 verschiedenen »Mäuseleihmüttern« implantiert worden waren, wurden 28 Föten per Kaiserschnitt ans Tageslicht geholt. Diesen Prozess überlebten lediglich zehn Tiere, von denen nur zwei mehr als 15 Minuten lebensfähig waren. Eine Maus wurde aus Studiengründen getötet – die letztendlich übrig gebliebene namens Kaguya ging dann allerdings in die Geschichte der Reproduktionsforschung ein.

Bibliographische Information der Deutschen Bibliothek
Die Deutsche Bibliothek verzeichnet diese Publikation in der Deutschen Nationalbibliographie; detaillierte bibliographische Daten sind im Internet über http://dnb.ddb.de abrufbar.

BLV Buchverlag GmbH & Co. KG
80797 München

Umschlagillustrationen: Jan Gulbransson
Lektorat: Dr. Friedrich Kögel, Dr. Eva Dempewolf
Herstellung: Ruth Bost
Layoutkonzept Innenteil: fuchs_design, München
DTP: Satz+Layout Peter Fruth GmbH, München

Gedruckt auf chlorfrei gebleichtem Papier

Printed in Germany
ISBN 978-3-8354-0478-6